彩图 6-1　氢氧化钠标定终点颜色

彩图 6-2　盐酸标定终点颜色

彩图 6-3　临近终点

彩图 6-4　终点判断

彩图 6-5　临近终点（溶液浅黄色）

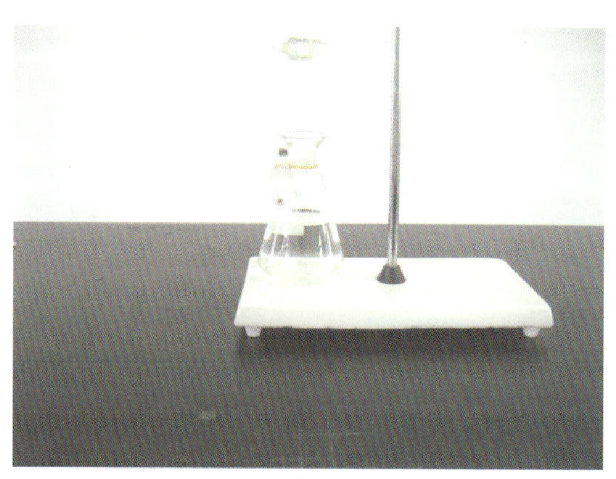

彩图 6-6　终点（蓝色消失）

彩图 6-7　终点判断：溶液由紫色变为纯蓝色

彩图 6-8　终点：溶液呈红黄色

彩图 9-1　滴定终点（透明→微红色）

彩图 9-2　滴定终点（黄色→红色）

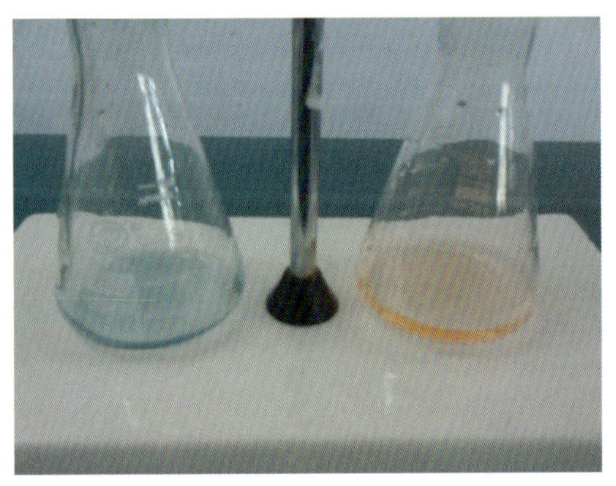

彩图 9-3　滴定终点（蓝绿色→酒红色）

彩图 9-4　滴定终点（红色→透明）

彩图 9-5　滴定终点颜色变化

彩图 9-6　滴定前

彩图 9-7　滴定终点

彩图 9-8　滴定前

彩图 9-9　滴定终点

全国食品加工与检验专业职业教育任务引领型“十二五”规划教材

职业院校工学结合课程实践成果

食品分析与检验

主　编　冯铭琴

副主编　阮秋菊

参　编　梁少娟　高晓龙　彭乃才

黎彩平　冯展威　朱晓燕

裴小平　叶文强　李拥军

机　械　工　业　出　版　社

本书以任务教学为线索，即以食品检测的工作能力、工作任务为线索，选取学生必需的基础知识、基础操作技能和食品检测工作岗位的典型工作任务进行编写，注重培养学生从事食品检测职业的综合素质能力。全书共分3个模块，即食品分析与检验必备知识、常用溶液的配制、食品分析与检验综合实验。教材中的试剂配制、操作步骤、理论基础、检测方法、结果分析主要参考国家现行标准进行编写，体现了食品检测工作岗位的实际需要。

本教材可作为中、高职学校食品加工检验、食品生物工艺、食品科学与工程、食品质量与安全等相关专业的教材，也可供相关企业单位有关技术人员参考。

为方便教学，本书配备了电子课件等教学资源。凡选用本书作为教材的教师均可登录机械工业出版社教材服务网www.cmpedu.com免费下载。如有问题请致信cmpgaozhi@sina.com．或致电010-88379375联系营销人员。

图书在版编目（CIP）数据

食品分析与检验／冯铭琴主编．—北京：机械工业出版社，2013.11（2018.8重印）

全国食品加工与检验专业职业教育任务引领型“十二五”规划教材

ISBN 978-7-111-44776-4

Ⅰ．①食…　Ⅱ．①冯…　Ⅲ．①食品分析—职业教育—教材②食品检验—职业教育—教材　Ⅳ．①TS207.3

中国版本图书馆CIP数据核字（2013）第270745号

机械工业出版社（北京市百万庄大街22号　邮政编码100037）

策划编辑：徐春涛　　责任编辑：徐春涛　乔　晨

责任印制：李　飞

北京富生印刷厂印刷

2018年8月第1版第2次印刷

184mm×260mm · 13.25印张 · 2插页 · 324千字

3 001－4 000册

标准书号：ISBN 978-7-111-44776-4

定价：34.00元

凡购本书，如有缺页、倒页、脱页，由本社发行部调换

电话服务　　网络服务

服务咨询热线：010－88379833　　机工官网：www. cmpbook. com

读者购书热线：010－88379649　　机工官博：weibo. com/cmp1952

教育服务网：www. cmpedu. com

封面无防伪标均为盗版　　金书网：www. golden－book. com

前　　言

本教材是由从事食品检测教学工作十余年的一线教师，通过总结多年教学经验，结合国家食品检验工职业资格考试的要求、标准和多届毕业学生在企业从事食品检验与安全管理实际岗位职业能力要求而精心编写的，同时还邀请了食品企业技术人员参与编写工作。

全书以任务教学为线索，即以食品检测的工作能力、工作任务为线索，选取学生必需的基础知识、基础操作技能和食品检测工作岗位的典型工作任务进行编写，注重培养学生从事食品检测职业的综合素质能力。教材中的试剂配制、操作步骤、理论基础、检测方法、结果分析主要参考国家现行标准进行编写，体现了食品检测工作岗位的实际需要。

本书由冯铭琴（中山市技师学院）担任主编，负责全书的设计、统稿工作。具体分工如下：高晓龙（中山市技师学院）编写任务 1 和任务 10-8、任务 10-9；阮秋菊（中山市技师学院）编写任务 2、任务 4、任务 10-5、任务 10-6、任务 10-7；冯铭琴编写任务 3；冯展威（中山市技师学院）编写任务 5；彭乃才（中山市技师学院）编写任务 6；梁少娟（中山市技师学院）编写任务 7、任务 10-1、任务 10-2；裴小平（中山市技师学院）编写任务 8、任务 10-3、任务 10-4；黎彩平（中山市技师学院）编写任务 9-1；朱晓燕（中山市技师学院）编写任务 9-2、任务 9-3、任务 9-4。此外，叶文强（中山市技师学院）、李拥军（中山市农产品质量监督检验所）也参与了本书的部分编工作。北京一轻高级技术学校的张磊、顾玥、崔凯、马彬彬、杨心宇对本书的编写提供了帮助，同时本书还得到职业教育国家规划教材编写组赵金海和刘纯根专家的指导，对教材的编写提供了很多宝贵的意见，在此一并致谢。

由于时间仓促，编者水平有限，书中难免存在疏漏或不妥之处，恳请各位专家与读者批评指正。

编　者

目　　录

食品分析与检验必备知识

任务 1　掌握相关理论基础知识

任务 2　常见玻璃仪器使用

任务 3　实验常用仪器的使用

任务 4　样品的采集、制备、预处理与保存

任务 1 掌握相关理论基础知识

任务 1-1 掌握标准化、计量知识

标准化是为了在一定范围内获得最佳程序，对现实问题或潜在问题制定共同使用和重复使用的条款的活动。

计量在我国已有近 5000 年的历史。过去，计量在我国被称为“度量衡”，原定义是“关于长度、容量和质量的测量”，其主要的计量器具是尺、斗、秤。现代计量的标志是 1960 年国际计量大会决议通过并建立的适用于各个科学技术领域的计量单位制，即国际单位制。1985 年公布了《中华人民共和国计量法》，标志着中国计量工作从行政管理走向法制管理的新阶段。

任务目标

（1）学会标准的分级、分类，标准的代号和编号等。

（2）学会计量初步知识。

（3）明白物质的量、摩尔质量等分析中常用单位的概念和意义等。

任务分析

标准的种类繁多，按照我国现行的分类方法有 5 种，即按照标准的约束性分类、按照标准在标准系统中的地位和作用分类、按照标准的适用范围分类、按照标准化对象在生产过程中的作用分类、按照标准的性质分类。

法定计量单位是由国家以法令形式规定或允许使用的计量单位。我国的法定计量单位是以国际单位制为基础，结合我国的实际情况制定的。

在分析化学中的常用法定计量单位是物质的量和摩尔质量，它们都是化学领域最重要而且最常用的物理量。

任务实施

一、标准化基本知识

1. 标准的分级

按照标准的适用范围，我国的标准分为国家标准、行业标准、地方标准和企业标准 4 个

级别。

（1）国家标准　由国务院标准化行政主管部门（现为国家质量监督检验检疫总局）制定（编制计划、组织起草、统一审批、编号、发布）。国家标准在全国范围内适用，其他各级别标准不得与国家标准相抵触。

（2）行业标准　由国务院有关行政主管部门制定，如化工行业标准（代号为 HG）、石油化工行业标准（代号为 SH）由中国石油和化工协会制定，轻工行业标准（代号为 QB）由中国轻工业联合会制定。行业标准在全国某个行业范围内适用。

（3）地方标准　由省、自治区、直辖市标准化行政主管部门制定，在地方辖区范围内适用。

（4）企业标准　没有国家标准、行业标准和地方标准的产品，企业应当制定相应的企业标准，企业标准应报当地政府标准化行政主管部门和有关行政主管部门备案。企业标准在该企业内部适用。

2．标准的分类

按照技术标准的种类分为基础标准、产品标准、方法标准、安全卫生与环境保护标准等4类。

（1）基础标准　基础标准是指在一定范围内作为其他标准的基础并具有广泛指导意义的标准，包括：标准化工作导则，如 GB/T 1.1—2009《标准的结构和编写规则》；通用技术语言标准；量和单位标准；数值与数据标准，如 GB/T 8170—2008《数值修约规则与极限数值的表示和判定》等。

（2）产品标准　产品标准是指对产品结构、规格、质量和检验方法所做的技术规定。

（3）方法标准　方法标准是指以产品性能、质量方面的检测、试验方法为对象而制定的标准。其内容包括检测或试验的类别、检测规则、抽样、取样测定、操作、精度要求等方面的规定，还包括所用仪器、设备、检测和试验条件、方法、步骤、数据分析、结果计算、评定、合格标准、复验规则等。

（4）安全卫生与环境保护标准　这类标准是以保护人和物的安全、保护人类的健康、保护环境为目的而制定的标准。这类标准一般都要强制贯彻执行的。

3．标准的代号和编号

（1）标准的代号　GB—强制性国家标准；GB/T—推荐性国家标准；QB—轻工行业标准；SB—商业行业标准；DB11—地方标准（DB 后面的数字为省、自治区、直辖市行政区划代码前两位数字）。

（2）标准的编号　标准编号由标准代号、标准发布顺序号和标准发布年号组成。例如：GB 7718—2011 为强制性国家标准，7718 为标准发布顺序号，2011 为该标准发布年号；GB/T 13662—2008 为推荐性国家标准，13662 为该标准发布顺序号，2008 为该标准发布的年号。

4．我国采用国际和国外先进标准程度及对应关系

采用程度	符号	缩写字母	表示意义
等同	≡	idt 或 IDT	指技术内容相同，没有或仅有编辑性修改，编写方法完全相对应
等效	=	eqv 或 EQV	指主要技术内容相同，技术上只有很小差异，编写方法不完全相对应
非等效	≠	neq 或 NEQ	指技术内容有重大差异

二、学会计量基本知识

1．法定计量单位

法定计量单位是指由国家法律承认、具有法定地位的计量单位。我国的法定计量单位包括以下内容：

（1）国际单位制的基本单位。

（2）国际单位制的辅助单位。

（3）国际单位制中具有专门名称的导出单位。

（4）国家选定的可与国际单位制单位并用的非国际单位制单位。

（5）由以上单位构成的组合形式的单位。

（6）由词头和以上单位构成的十进倍数和分数单位。

2．分析化学中的常用法定计量单位——物质的量

物质的量是化学领域最重要而且最常用的一个物理量，它是国际单位制的基本单位量，符号为 n，单位名称是摩尔，单位符号为 mol。摩尔是一个系统的物质的量，该系统中所包含的基本单元数与 0.012kg 碳–12 的原子数目相等。在使用摩尔时，基本单元应予指明，可以是原子、分子、离子、电子及其他离子，或是这些粒子的特定组合。在表示物质的量时，基本单元必须指明，如 n（H_2O）=0.5mol。

3．分析化学中的常用法定计量单位——摩尔质量

摩尔质量是物质的量的导出量，其符号为 M，如 M（H_2O）=18g/mol。它是联系物质的量与其质量的一个量。过去把 M 称为“克分子量”或“克原子量”等都是错误的，均应改称为摩尔质量。

任务评价

学业评价表

序　号	项　目		学习任务的完成情况评价		
			自评（30%）	小组评（30%）	教师评（40%）
1	职业素养	学习积极主动、勤学好问（10 分）			
2		主动参与讨论，能有效表达自己的见解（20 分）			
3		乐于帮助别人，耐心解答同学疑问（10 分）			
4	专业能力	会标准的分级、分类、代号和编号（20 分）			
5		会计量初步知识（20 分）			
6		明白物质的量、摩尔质量等分析中常用单位的概念（20 分）			
7	分数合计（100 分）				
8	存在的问题及建议				
9	综合评价分数				

帮　助

（1）我国在国家标准管理办法中规定国家标准实施 5 年内要进行复审，即国家标准有效期一般为 5 年。

（2）企业标准有效期一般是 3 年，但企业标准涉及的强制性国家或行业标准发生变化时，企业标准要随之修改。

（3）国际单位制的基本单位见下表：

物理量名称	物理量符号	单位名称	单位符号
长度	l	米	m
质量	m	千克（公斤）	kg
时间	t	秒	s
电流	I	安[培]	A
热力学温度	T	开[尔文]	K
物质的量	n（v）	摩[尔]	mol
发光强度	I（Iv）	坎[德拉]	cd

注：1. [　]内的字，是在不致混淆的情况下，可以省略的字。

2. (　)内的字为前者的同义语。

（4）0.012kg 碳–12 的原子数目其近似值为 $6.022\ 136\ 7\times10^{23}$，1mol 的任何物质所含有的该物质的微粒数叫阿伏伽德罗常数，近似值为 $N_A=6.022\ 136\ 7\times10^{23}$。

（5）物质的量、摩尔质量与质量三者之间的关系式为 $n=m/M$。

任务 1–2　误差一般知识和数据处理常用方法

在任何一项分析工作中，我们用同一分析方法测定同一样品时，虽经过多次测定，测定结果总不会完全相同，这说明在测量中有误差。为此，我们必须了解误差产生的原因及其表示方法，尽可能减小误差，以提高分析的准确度。

任务目标

（1）明白误差产生原因及分类。

（2）学会有效数字的位数确定，修约规则以及运算规则。

（3）学会绝对误差及相对误差的计算。

（4）学会绝对偏差、相对偏差、平均偏差以及相对平均偏差的计算。

（5）明白准确度与精密度之间的关系。

（6）学会用 Q 检验法进行异常数据的剔除。

任务分析

在化验分析工作中，对于过程产生的误差是不可避免且客观存在的，有效数字对结果的误差也会产生一定的影响，最后结果的好坏还受到精密度的影响并用准确度来衡量。正确处理准确度、精密度和误差之间的关系也就变得尤其重要。

任务实施

一、误差产生原因及分类

在分析测定中，误差总是客观存在的。误差按其性质不同可分为两类，即系统误差和偶然误差。两类误差产生的原因是不同的，在减免误差时所涉及的方法也不同。

1. 系统误差

系统误差是指在测定过程中某些经常性的原因所造成的误差。其特点是：①测定过程中重复出现；②单向性地影响测定结果（偏高或偏低）；③恒定、可测（大小可测，因此可以扣除）。按不同的产生原因，系统误差可分为：

方法误差——由于分析方法本身不够完善而引入的误差。

仪器误差——由于仪器本身的缺陷造成的误差。

试剂误差——由于试剂不纯，去离子水不合格，引入待测组分或干扰组分而引起的误差。

主观误差——由于操作人员主观原因造成的误差。例如：对于终点颜色的判断，由于个人辨色能力的差异，有人偏深，有人偏浅；对于具体人而言，在相同条件下，误差会重复出现。

2. 偶然误差

偶然误差是指由于某些偶然因素造成的误差。例如：由于室温、气压、湿度的偶然波动；由于个人的辨别差异，在读数时，最后一位数估测不准。这类误差在分析过程中是不可避免的，或多或少总会存在，也不可能完全消除。其特点是当测定次数较多时，大小相近的正误差和负误差出现的机会相等；小误差出现的频率较高，而大误差出现的频率较低。偶然误差的这一特点可用正态分布曲线描述。

3. 误差的减免

（1）适当增加测定次数，取平均值可以减少偶然误差。

（2）对各种试剂、仪器、器皿进行校正，可以减免来自试剂、仪器的系统误差。

（3）进行空白试验，扣除空白值可以抵消测定过程中某些干扰，如试剂不纯等造成的系统误差。

（4）对照试验是检验系统误差的有效方法，可以发现系统误差，并在测定结果中扣除。

（5）进行回收率试验，即在样品中加入标准物质，测定其回收率，可以检验分析方法的准确程度和样品所引起的干扰误差。

（6）正确选取样品量，使测定的相对误差在规定的范围内。

二、有效数字的应用

在分析化验工作中，为了取得准确的分析结果，不仅要准确地进行测定，还要正确地记录与计算。当记录数据结果时，不仅要反映测量值的大小，还要反映测量值的准确程度。所谓正确记录就是指正确记录数字的位数，同时还要求能正确地运用有效数字及其运算规则，这样才能得到相对准确的实验结果。

1．有效数字的概念

有效数字是指在分析工作中实际上能测量到的数字，通常包括全部准确数字和一位不确定的可疑数字，即在有效数字中，只有最后一位数字是可疑的。

例如：25mL 或 50mL 滴定管可读数至 0.01mL，记录消耗 20mL 滴定剂时应记录为：20.00mL，为四位有效数字。若记录为 20mL，表示有±1mL 误差。0.110 3mol/L 标准溶液稀释 1 倍，其浓度应为 0.055 15mol/L，仍为四位有效数字。

2．有效数字的位数

（1）数字中有“0”时，“0”在数字有双重意义，若为普通数字使用，它就是有效数字；若它起定位作用，就不是有效数字。例如：“0.023”中“0”只起定位作用不是有效数字，而“23.00”中“0”则为有效数字，前者为两位有效数字，后者为四位有效数字。

（2）分数中分母或倍数中系数为自然数时，它为非测量所得，不表示有效数字位数，而应视为无限多位。例如，从 100mL 容量瓶中移取 10mL 溶液，即取 1/10（10/100），其中的 10 即为足够有效的自然数。

（3）若第一位数字是 8 或 9 时，其有效数字应多算一位。例如，0.09672g 的有效数字可以为是 5 位。

（4）与量的使用单位无关。例如，称得某物的重量是 12g，为两位有效数字。若以 mg 为单位时，应记为 1.2×10^4mg，而不应该记为 12 000mg，其仍为两位有效数字。

（5）化学中常遇到的 pH、pK 等，其有效数字的位数仅取决于小数部分的位数，其整数部分只说明原数值的方次。例如：pH=2.49，表示〔H^+〕$=3.2\times10^{-3}$ mol/L，是两位有效数字。

（6）有效数字的位数：

例如：			
1.000 2	2.020 8	$2.230\,6\times10^3$	五位有效数字
0.553 0	15.04%	8.520×10^{-3}	四位有效数字
0.045 0	0.100%		三位有效数字
0.004 5	0.20%	6.0	二位有效数字
0.4	0.001%	pH=2.0	一位有效数字
1 600	300	1/5	有效数字位数不定

3．有效数字的修约

按照国家标准 GB 8170—2008《数值修约规则及极限数值的表示和判定》进行修约。

（1）拟舍弃数字的最左一位数字小于 5，则舍去，保留其余各位数字不变。例：将 12.149 8 修约到个数位，得 12；将 12.149 8 修约到一位小数，得 12.1。

（2）拟舍弃数字的最左一位数字大于 5，则进一，即保留数字的末位数字加 1。例：将 1 268 修约到“百”数位，得 13×10^2（特定场合可写为 1300）。

（3）拟舍弃数字的最左一位数字是 5，且其后有非 0 数字时进一，即保留数字的末位数字加 1。例：将 10.500 2 修约到个数位，得 11。

（4）拟舍弃数字的最左一位数字为 5，且其后无数字或皆为 0 时，若所保留的末位数字为奇数（1，3，5，7，9）则进一，即保留数字的末位数字加 1；若所保留的末位数字为偶数（0，2，4，6，8）则舍去。例：将 28.350，28.250，28.050，只取三位有效数字时，分别应为 28.4，28.2，28.0；将 28.175，28.165 处理成四位有效数字时，则分别为 28.18，28.16。

（5）若被舍弃的数字包括几位有效数字时，不得对该数进行连续修约，而应根据以上规则仅作一次处理。例如，2.154 546，只取三位有效数字时，应为 2.15，而不得连续修约为 2.16（2.154 546→2.154 55→2.154 6→2.155→2.16）。

4．有效数字运算规则

（1）记录测量数值时，只保留一位可疑数字。

（2）当有效数字位数确定后，其余数字一律舍弃。舍弃办法是四舍六入，即末位有效数字后边第一位小于 5，则舍弃不计；大于 5 则在前一位数上增 1；等于 5 时，前一位为奇数，则进 1 为偶数，前一位为偶数，则舍弃不计。这种舍入原则可简述为："小则舍，大则入，正好等于奇变偶。"保留四位有效数字举例如下：

3.717 29→3.717

5.142 85→5.143

7.623 56→7.624

9.376 56→9.376

（3）在加减计算中，各数所保留的位数，应与各数中小数点后位数最少的相同。例如，将 24.65、0.008 2、1.632 三个数字相加时，应写为 24.65+0.01+1.63=26.29。

（4）在乘除运算中，各数所保留的位数，以各数中有效数字位数最少的那个数为准；其结果的有效数字位数亦应与原来各数中有效数字最少的那个数相同。例如：0.012 1×25.64×1.057 82 应写成 0.012 1×25.64×1.06=0.328。上例说明，虽然这三个数的乘积为 0.328 182 3，但只应取其积为 0.328。

（5）在计算平均值时中，若为四个或超过四个数相平均，则平均值的有效数字可增加一位；在所有计算式中，常数π、e 以及乘数、1/3 等的有效数字，可以认为是无限制，即在计算中需要几位就可以写几位。

（6）进行误差计算时，结果有效数字以一位、至多两位表示即可。

三、准确度和误差

在分析测定中，对应最后的测定结果是否准确需要用一个概念来描述，即准确度。然而，准确度的大小需要用另外一个量来说明，这就是误差。分析过程中的误差越小，则说明分析结果的准确度就越高，反之，误差越大，准确度越低。所以，误差的大小是衡量准确度高低的尺度。

准确度是指测定结果与真值的接近程度。在没有系统误差的情况下，无限多次测定结果的算术平均值就是真值。算数平均值是由一组等精密度测定值求出的平均值，也是平行有效测定值之和除以有效测定次数。误差是指测定结果与真值之间的差值，误差是衡量测定结果的准确度的，分为绝对误差和相对误差，其计算公式为

$$\text{绝对误差}=\text{测得值}-\text{真值}$$

$$\text{相对误差}=\frac{\text{绝对误差}}{\text{真值}}\times100\%$$

若测得值大于真实值，误差为正值，即分析结果偏高，反之则偏低。相对误差反映出误差在测定结果中所占百分数，它更具有实际意义。

绝对误差和相对误差的计算都必须先知道真实值的大小。但是，在一般情况下，真实值

是不知道的，因此常用偏差代替误差。

四、精密度和偏差

在分析测定中，偶然误差总是客观存在的。多次平行测定实验中会出现所得的几次测定结果有一定差别，这个差别可以用精密度来说明，并且用偏差来描述。

精密度是指几次平行测定结果的相互接近的程度。精密度的高低用偏差来衡量。偏差是指个别测定结果与几次测定结果的平均值之间的差值，分为绝对偏差和相对偏差，其计算公式为

$$\text{绝对偏差}=\text{个别测定值}-\text{测定平均值}$$

$$\text{相对偏差}=\frac{\text{绝对偏差}}{\text{测定平均值}}\times 100\%$$

表示测定结果的精密度还常以平均偏差、标准偏差表示。平均偏差是指各个测定值与平均值的偏差的绝对值之和除以测定次数，其计算公式为

$$\text{平均偏差}\ \overline{d}=\frac{\sum\left|x-\overline{x}\right|}{n}$$

$$\text{相对平均偏差}\ d_r=\frac{\overline{d}}{\overline{x}}\times 100\%$$

标准偏差也称均方根偏差，它和相对标准偏差是用统计方法处理分析数据的结果，二者均可反映一组平行测定数据的精密度。标准偏差越小，精密度越高。标准偏差 S 中 n 为有限测定次数（n<20）。

$$\text{标准偏差}S=\sqrt{\frac{\sum_{i=1}^{n}(x-\overline{x})^2}{n-1}}=\sqrt{\frac{\sum_{i=1}^{n}d_i^2}{n-1}}$$

五、准确度、精密度与误差的关系

关于准确度与精密度的定义及确定方法，前面已经介绍。准确度与精密度是两个不同的概念，它们相互之间有一定关系，测定分析结果必须从准确度和精密度两个方面来度量。

表是系统误差的准确度与表是偶然误差的精密度是性质不同的两回事，决不可以混淆。精密度是保证准确度的先决条件。在一组测定中，测定精密度好，并不意味着准确度也好，但精密度不好，就不可能有良好的准确度，只有在校正系统误差后，精密度好的测定结果，才是既精密又准确的。检查化验员的技术水平时，常进行标样考核，考核的结果应以精密度（标准差）、准确度两项指标进行综合评分，以提高分析结果的准确性。

六、异常数据的检验及剔除

在分析化验工作中，经常重复几次实验进行平行测定，然后求出平均值。但几个平行结果是否都参加平均值的计算需要进行判断。所测得的值中出现显著大值或小值是值得怀疑的，称之为可疑值。可疑值的取舍不能随意决定，要根据误差理论的规定做出判断。

在实际工作中，常常会遇到一组平行测定中有个别数据的精密度不高情况，该数据与平均

值之差值是否属于偶然误差是可疑的。可疑值的取舍会影响结果的平均值，尤其当数据少时影响更大。因此，在计算前必须对可疑值进行合理的取舍，不可为了单纯追求实验结果的“一致性”，而把这些数据随便舍弃。若可疑值不是由明显的过失造成的，就要根据偶然误差分布规律决定取舍。取舍方法很多，从统计观点考虑，比较严格而使用又方便的是 Q 检验法。

Q 检验法的过程如下：

当测定次数 n=3～10 时，根据所要求的置信度（如 90%），按照下列步骤，检验可疑数据是否可以弃去：

① 将各数据按照递增的顺序排列：X_1，X_2…，X_n；

② 求出最大与最小数据之差 X_n-X_1；

③ 求出可疑数据与其紧邻近数据之间的差 X_n-X_{n-1} 或 X_2-X_1；

④ 求出 $Q=\dfrac{X_n-X_{n-1}}{X_n-X_1}$ 或 $Q=\dfrac{X_2-X_1}{X_n-X_1}$；

⑤ 根据测定次数 n 和要求的置信度（90%），查有关 Q 值表，得出 $Q_{0.90}$；

⑥ 将 Q 与 $Q_{0.90}$ 相比，若 $Q \geqslant Q_{0.90}$，则弃去可疑值，否则应予保留。

必须强调的是，过失误差造成的测定结果都应无条件地剔除。经检验，应该剔除的可疑数字也是由过失误差造成的，只不过在分析过程中没有被觉察而已。

任务评价

学业评价表

序号	项目		学习任务的完成情况评价		
			自评（30%）	小组评（30%）	教师评（40%）
1	职业素养	学习积极主动、勤学好问（10 分）			
2		主动参与讨论，能有效表达自己的见解（20 分）			
3		乐于帮助别人，耐心解答同学疑问（10 分）			
4	专业能力	知道误差产生原因、分类及消除的方法（20 分）			
5		会有效数字的修约规则以及运算规则（10 分）			
6		会绝对误差、相对误差、绝对偏差、相对偏差、平均偏差以及相对平均偏差的计算（20 分）			
7		明白准确度与精密度之间的关系（5 分）			
8		会用 Q 检验法进行异常数据的剔除（5 分）			
9	分数合计（100 分）				
10	存在的问题及建议				
11	综合评价分数				

帮　助

（1）系统误差的出现是必然的，但可以用各种办法加以校正，使系统误差接近消除。

（2）化验工作中的过失误差不属于系统误差和偶然误差，这种过失是能够避免的，不允许把过失误差与操作误差混淆或当做偶然误差。

（3）万分之一天平可以称至 0.000 1g（±0.000 1g），若称取小于 100mg 的样品时，其有效数字位数为三位。

（4）单位转换时数字修约应注意有效数字位数。例如：25.0g 若以毫克表示时，写成 25 000mg 易误解为五位有效数字，应写成 2.50×10^4mg。

（5）在不同数据结果中，绝对误差相同，但它们的相对误差不一定相同。当称量过程的绝对误差一定时，被称量物质的质量越大，相对误差越小，称量的准确度越高。同时，用相对误差比较测定结果的准确度更确切。

（6）相对标准偏差又称变异系数（CV），是指标准偏差在平均值 X 中所占得百分率。

$$相对标准偏差（CV）=\frac{S}{\bar{x}}\times100\%$$

（7）误差与偏差具有不同的含义，前者以真实含量为标准，后者以多次测定值的平均结果为标准。但由于真实值无法准确知道，故常以多次测定结果的平均值代替真实含量进行计算，这样计算出的误差实际上是偏差，因此，一般不再强调误差与偏差这两个概念的区别，一般笼统称为公差。

（8）$4d$ 法，即 4 倍于平均偏差法，也叫四倍法，适应于 4～6 个平行数据的取舍。方法如下：

① 先求出不含可疑值的其余数据的平均值 x_{n-1} 和绝对平均偏差 d_{n-1}。

② 将可疑值与平均值相减，若 $\left|x_{可疑值}-\bar{x}_{n-1}\right|\geqslant4\bar{d}_{n-1}$，则可疑值应舍弃；若 $\left|x_{可疑值}-\bar{x}_{n-1}\right|\leqslant4\bar{d}_{n-1}$，则可疑值应保留。

任务 1-3　实验室的安全与管理

任务目标

学会实验室的安全用电、安全操作以及实验室灭火常识等。

任务分析

食品分析与检验涉及易燃、具有爆炸危险的实验，经常与有腐蚀性甚至毒性较强的化学药品接触，此外实验室还存在压缩气体钢瓶、高温电热设备及其他用电仪器，因此实验室的安全与管理至关重要。

任务实施

一、安全用电

（1）通过人体的电流一般认为为 10mA 以下为安全电流。

（2）我国安全电压国家标准规定为 36V。

（3）为了保证在电路万一发生短路时，不致发生事故，简单有效的办法是在电路中安置保险丝。保险丝的熔断电流大约是额定电流的 1.3～2.1 倍。

（4）保护接地：在中性点不直接接地的低压供电系统中，将电气设备不带电的金属外壳与大地做金属连接，叫保护接地。

（5）实验室所用插头、插座均应用三相插头插座。所有仪器均应接地。清扫仪器时应关闭电源。严禁用湿抹布擦洗电器。

二、安全操作

（1）实验室易燃易爆物品贮藏温度不允许超过 30℃。

（2）实验室压缩空气钢瓶内气体不得用尽，残余气压一般不应小于数百千帕，否则会导致空气进入钢瓶发生危险。

（3）电热恒温干燥箱禁止烧焙易燃、易爆、易挥发以及有腐蚀性的物品。

三、实验室灭火常识

可燃性液体着火用泡沫灭火器；可燃性气体着火用干粉灭火器；精密仪器电路着火用 Cl_4 灭火器；酸碱式灭火器适用于非油类及电器失火的一般火灾；泡沫灭火器适用于油类失火；金属钠等活泼金属引起的失火最经济有效地方法是用干砂土覆盖。

任务评价

学业评价表

序号	项目		学习任务的完成情况评价		
			自评（30%）	小组评（30%）	教师评（40%）
1	职业素养	学习积极主动、勤学好问（10 分）			
2		主动参与讨论，能有效表达自己的见解（20 分）			
3		乐于帮助别人，耐心解答同学疑问（10 分）			
4	专业能力	知道安全用电的常识（20 分）			
5		知道实验室安全管理知识（20 分）			
6		知道灭火的相关知识（20 分）			
7	分数合计（100 分）				
8	存在的问题及建议				
9	综合评价分数				

帮　助

（1）实验室管理人员要强化安全用电意识，确保用电安全，必须经常检查电线线路，一旦发现有绝缘胶皮老化等隐患要及时更换和维修。

（2）实验室内应严防中毒，避免烧伤和创伤，预防生物危害，警惕放射性伤害等。

（3）实验室急救知识：①玻璃割伤及其他机械损伤，首先检查伤口有无碎片，然后用硼酸水洗净，再涂碘酒并包扎，若大量出血应迅速止血并到医院就治；②烫伤，轻度烫伤涂苦味酸软膏，红肿可擦橄榄油，起泡不可弄破以防感染，严重情况应到医院就诊；③触电，可关闭电源，可用干木棍将导线与触电者分开。

任务 2 >>>

常见玻璃仪器使用

>>> 任务 2-1 容量瓶的使用

学会使用容量瓶。

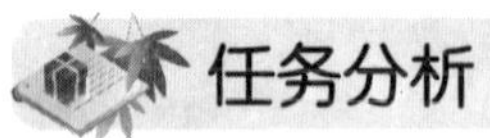

容量瓶是配制一定浓度溶液的重要工具，是检验工作人员必须学会使用的基本仪器之一，本任务以配制 NaCl 溶液为例讲解容量瓶的使用。任务安排如下：

（1）前处理。

（2）配制过程。

一、实验准备

1. 仪器清单

序 号	名 称	规 格	数 量
1	容量瓶	任意	1 个
2	小烧杯	50 或 100mL	2 个
3	玻棒	—	1 根
4	洗瓶	500mL	1 个
5	药匙	—	1 根
6	滤纸片	—	若干
7	毛刷	—	1 把
8	胶头滴管	—	1 根
9	黑色纸带（选用）	—	1 条

2. 试剂清单

序 号	名 称	规格或要求	数 量
1	NaCl	固体	若干
2	蒸馏水	三级	若干

二、操作流程

选择→检漏→清洗→称量→溶解→转移→洗涤→振荡→定容→混匀

1．前处理（第 1～3 步）

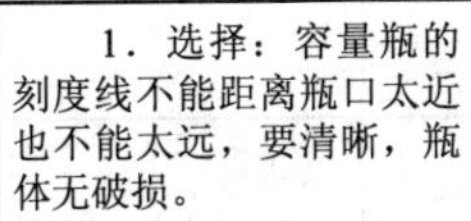

1．选择：容量瓶的刻度线不能距离瓶口太近也不能太远，要清晰，瓶体无破损。

⇨

2．检漏：在容量瓶内装入半瓶水，塞紧瓶塞，用右手食指顶住瓶塞，另一只手五指托住容量瓶底，将其倒立（瓶口朝下）2min，观察容量瓶是否漏水。若不漏水，将瓶正立且将瓶塞旋转180°后，再次倒立2min，检查是否漏水，若两次操作容量瓶瓶塞周围皆无水漏出，即表明容量瓶不漏水。经检查不漏水的容量瓶才能使用。

⇨

3．清洗：先用洗液洗（如果容量瓶比较干净可省略），再用自来水冲洗，最后用蒸馏水洗涤干净（以内壁不挂水珠为清洁标准）。

2．配制过程（第 4～10 步）

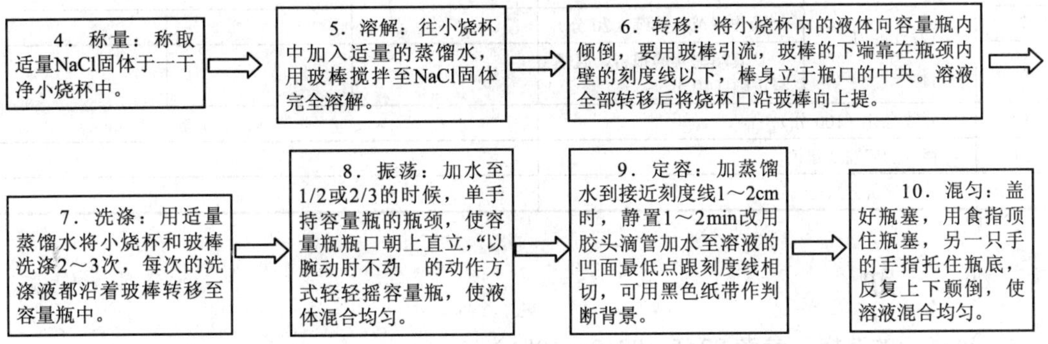

4．称量：称取适量NaCl固体于一干净小烧杯中。

⇨

5．溶解：往小烧杯中加入适量的蒸馏水，用玻棒搅拌至NaCl固体完全溶解。

⇨

6．转移：将小烧杯内的液体向容量瓶内倾倒，要用玻棒引流，玻棒的下端靠在瓶颈内壁的刻度线以下，棒身立于瓶口的中央。溶液全部转移后将烧杯口沿玻棒向上提。

⇨

7．洗涤：用适量蒸馏水将小烧杯和玻棒洗涤2～3次，每次的洗涤液都沿着玻棒转移至容量瓶中。

⇨

8．振荡：加水至1/2或2/3的时候，单手持容量瓶的瓶颈，使容量瓶瓶口朝上直立，"以腕动肘不动　的动作方式轻轻摇容量瓶，使液体混合均匀。

⇨

9．定容：加蒸馏水到接近刻度线1～2cm时，静置1～2min改用胶头滴管加水至溶液的凹面最低点跟刻度线相切，可用黑色纸带作判断背景。

⇨

10．混匀：盖好瓶塞，用食指顶住瓶塞，另一只手的手指托住瓶底，反复上下颠倒，使溶液混合均匀。

溶液配制过程见图 2-1。

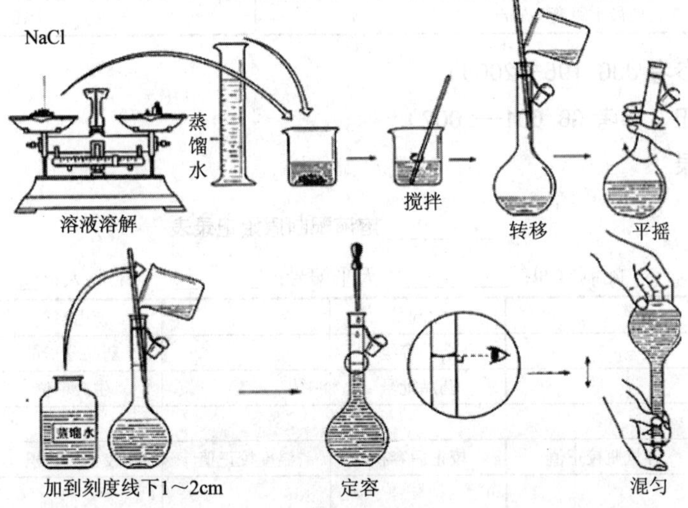

图 2-1　溶液配制过程

任务评价

学业评价表

序号	项目		学习任务的完成情况评价		
			自评（30%）	小组评（30%）	教师评（40%）
1	职业素养	遵守实验室管理规定，严格执行操作程序（10分）			
2		安全操作，按时完成任务（10分）			
3		学习积极主动、勤学好问（10分）			
4		与人协作，相互配合好（5分）			
5		清洁、整理（5分）			
6	专业能力	能正确使用容量瓶（30分）			
7		操作规范、熟练（20分）			
8		认真填写实验报告，且填写正确（10分）			
9	分数合计（100分）				
10	存在的问题及建议				
11	综合评价分数				

帮　助

1．容量瓶的选择（参考GB/T 12810—1991）

标称容量/mL	5	10	25	50	100	200	250	500	1 000	2 000
刻度线至磨口底边最小距离 k_1/mm	20	25			30	40		45	50	60
刻度线至瓶颈开始膨大处最小距离 k_2/mm	5			10						

2．校正（参考JJG 196—2006）

3．温度校正（参考GB 601—2002）

4．数据记录

________溶液配制原始记录表

温度：________　配制时间：________　天平编号：________　配制人：________

浓度		配制量		使用溶剂	
药品名称		药品等级		药品分子量	
含量（%）		药品批号		生产单位	
配制方法					
药品使用量	容量瓶校正值	校正后容积	温度校正值	校正后体积	校正后浓度

配好的试剂不要长时间放在容量瓶中，要尽快用合适的容器装好，贮存在合适的条件下。

任务 2-2　吸量管的使用

任务目标

学会使用吸量管。

任务分析

吸量管是准确量取一定体积溶液的重要工具，是检验工作人员必须学会使用的基本仪器之一。本任务设计了两个基本训练：单独的移取训练和结合前面容量瓶的使用进行的训练。

任务实施

一、训练准备

1. 仪器清单

序　号	名　称	规　格	数　量
1	烧杯	50mL	1 个
2	烧杯	100mL	4 个
3	刻度吸量管	1mL	1 根
4	刻度吸量管	2mL	1 根
5	刻度吸量管	5mL	1 根
6	刻度吸量管	10mL	1 根
7	单标吸量管	25mL	1 根
8	滤纸条	—	若干
9	洗耳球	—	1 个
10	洗瓶	500mL	1 个
11	试剂瓶	250mL	1 个
12	废液缸	—	1 个
13	容量瓶	100mL	5 个
14	胶头滴管	—	1 根
15	吸管架	—	1 个

2. 试剂清单

序　号	名　称	规格或要求	数　量
1	自来水	—	—
2	蒸馏水	—	500mL
3	番红溶液	—	250mL

3．操作流程

自来水洗→蒸馏水洗→溶液润洗→吸液→调零→放液

1．自来水洗：在烧杯中装自来水，用干净的吸量管插入吸取一定量的自来水，取出、侧放、旋转让自来水布满全管，超过最高刻度线但不能到吸管上方，以免水的残留影响后面的放液操作，水全部放出，重复3次。

⇨ 2．蒸馏水洗：用滤纸擦干外壁，吸干管下端残留水，按照自来水洗的方法用蒸馏水洗吸量管，重复3次。

⇨ 3．溶液润洗：用滤纸擦干外壁，并吸干管下端残留水。用待移溶液润洗小烧杯三次，在烧杯中装部分待移取溶液，按自来水洗的方法用待移取溶液润洗吸量管，重复3次。⇨

4．吸液：完成以上三步后，擦干外壁，用滤纸把管内残留的待移取溶液吸干，从试剂瓶中吸取待移取溶液至最高刻度线以上，用食指摁住。

⇨ 5．调零：吸好溶液后取出，用滤纸擦干管外壁，取干净小烧杯，吸管下端靠烧杯壁，吸管垂直地面，轻轻松开食指，至弯液面最低点与最高刻度线相切，观察前适当停顿片刻。

⇨ 6．放液：把吸取的溶液放到指定容器中，同调零一样要靠壁并垂直，松开食指让溶液流出，最后停留约15s，让残留在管壁的溶液完全流出，管身写有"吹"字的要把管口下端的残留液吹出，否则弃去。

二、训练

训练1：自来水练习

分别用1mL、2mL、5mL、10mL、25mL的吸量管用自来水练习吸放。

训练2：番红溶液练习

分别用1mL、2mL、5mL、10mL、25mL的吸量管移取最大量程的番红溶液至100mL容量瓶中并定容，复习容量瓶的使用。各组对比相同稀释度的溶液颜色。

任务评价

学业评价表

序 号	项 目		学习任务的完成情况评价		
			自评（30%）	小组评（30%）	教师评（40%）
1	职业素养	遵守实验室管理规定，严格执行操作程序（10分）			
2		安全操作，按时完成任务（10分）			
3		学习积极主动、勤学好问（10分）			
4		与人协作，相互配合好（5分）			
5		清洁、整理（5分）			
6	专业能力	能正确使用吸量管（30分）			
7		操作规范、熟练（20分）			
8		认真填写实验报告，且填写正确（10分）			
9	分数合计（100分）				
10	存在的问题及建议				
11	综合评价分数				

帮　助

（1）选择：参考 GB/T 12807—1991、GB/T 12808—1991。

（2）校正：参考 JJG 196—2006。

（3）吸量管吸液时，一般将吸量管插入待吸溶液液面下 1～2cm 处，不要插到底，也不要伸入过浅，以免液面下降后造成吸空。

（4）吸量管吸液体积校正参考 GB/T 601—2002。

（5）吸量管数据记录到小数点后两位。如用 10mL 吸量管吸取一整管溶液，则最后记录为 10.00mL。

（6）吸量管有热胀冷缩的特性，不能用高温烘干。

任务 2-3　酸式滴定管的使用

任务目标

学会使用酸式滴定管。

任务分析

滴定管是准确放出不确定量液体的容量仪器，是检验工作人员必须学会使用的基本仪器之一。

任务实施

一、认识酸式滴定管（见图 2-2）

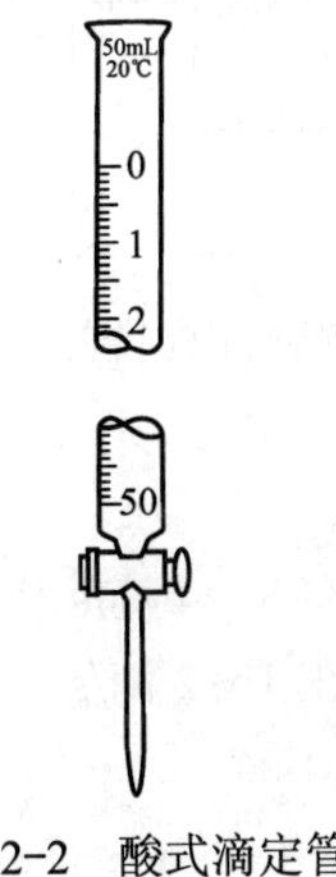

图 2-2　酸式滴定管

二、训练准备

1. 仪器清单

序　　号	名　　称	规　　格	数　　量
1	烧杯	100mL	1个
2	酸式滴定管	25mL	1根
3	洗瓶	500mL	1个
4	铁架台	—	1个
5	三角瓶	200mL	2个
6	废液缸	—	1个

2. 试剂清单

序　　号	名　　称	浓度或要求	数　　量
1	NaOH 溶液	0.1mol/L	100mL
2	HCl 溶液	0.1mol/L	100mL
3	蒸馏水	—	500mL
4	溴甲酚绿–甲基红混合指示剂	各配成0.2%乙醇溶液，按溴甲酚绿:甲基红 5:1 比例混合	25mL

三、操作流程

检查及检漏→处理→自来水洗→蒸馏水洗→溶液润洗→装液→排气→调零→滴定

1．检查及检漏：关上活塞，往滴定管里加水至“0”刻度，滴定管下端也充满水，擦干外壁，夹在铁架台上，2min后观察管口是否有液滴流出，活塞周围是否有水渗出。 ⇒ 2．处理：如果转动不畅或漏水，把水倒干，把活塞拔下，涂上凡士林，转动活塞使凡士林分布均匀，注意不要堵住中间小孔。处理后再检查是否漏水，直至不漏水为止。 ⇒ 3．自来水洗：往滴定管里加适量水，倾斜旋转，使水布满全管，并从滴定管的出口管放出部分，其余部分从另一头倒出，重复三次。 ⇒ 4．蒸馏水洗：往滴定管里加适量蒸馏水，方法同前。 ⇒

5．溶液润洗：往滴定管里加适量滴定用溶液，方法同前。 ⇒ 6．装液和排气：往滴定管里加满滴定用溶液至“0”刻度以上，如管内有气泡，右手拿滴定管上部无刻度处，左手迅速打开旋塞，冲出气泡，再加满至“0”刻度以上。 ⇒ 7．调零和滴定：静置约2min，从出口管放出溶液至溶液弯液面最低点与“0”刻度线相切，然后就可以进行滴定。

四、控制姿势

左手无名指和小指向手心弯曲，轻贴着出口管，手心空握，用其余三指转动旋塞，见图2–3。

酸式滴定管操作练习：

（1）从管内放出液体使其呈线状。

（2）从管内放出液体使速度保持在3～4滴/s。

（3）从管内放出液体使速度保持在1～2滴/s。

（4）从管内放出半滴液体。

（5）从管内放出小于半滴的液体。

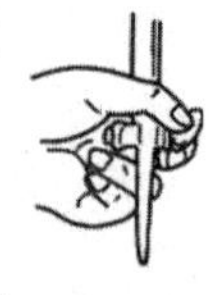

图2–3　酸式滴定管控制

五、滴定训练

取三角瓶 1 个，装入 10mL 左右 0.1mol/L 的 NaOH 溶液，并加入 2～3 滴溴甲酚绿-甲基红混合指示剂，按滴定管操作流程装好 HCl 溶液进行滴定。

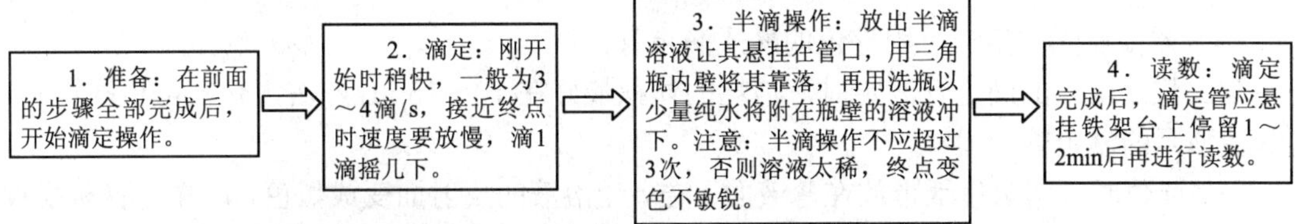

六、滴定管读数（见图 2-4）

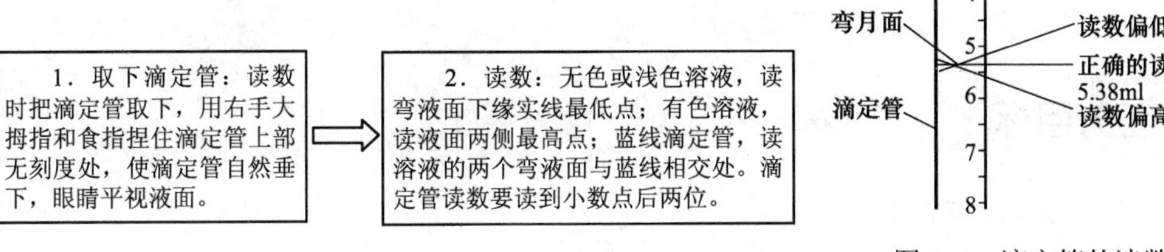

图 2-4　滴定管的读数

任务评价

学业评价表					
序　号	项　目		学习任务的完成情况评价		
			自评（30%）	小组评（30%）	教师评（40%）
1	职业素养	遵守实验室管理规定，严格执行操作程序（10 分）			
2		安全操作，按时完成任务（10 分）			
3		学习积极主动、勤学好问（10 分）			
4		与人协作，相互配合好（5 分）			
5		清洁、整理（5 分）			
6	专业能力	能正确使用酸式滴定管（30 分）			
7		操作规范、熟练（20 分）			
8		认真填写实验报告，且填写正确（10 分）			
9	分数合计（100 分）				
10	存在的问题及建议				
11	综合评价分数				

帮　助

（1）酸式滴定管可以装酸性的溶液也可装中性的溶液。

（2）酸式滴定管的活塞可以用橡皮筋固定，也可以在装好以后在小的一端套上一段橡皮圈固定。

（3）需要避光的溶液可用棕色的酸式滴定管。

（4）用 25mL 的滴定管滴定时，消耗的体积最好在 10～15mL 左右，否则可根据实际选用其他型号的滴定管。

（5）读数时可用黑色纸带放在弯液面下方，让溶液的反射面变成黑色，这样更容易读数。

任务 2-4　碱式滴定管的使用

任务目标

学会使用碱式滴定管。

任务分析

滴定管是准确放出不确定量液体的容量仪器，是检验工作人员必须学会使用的基本仪器之一。

任务实施

一、认识碱式滴定管（见图 2-5）

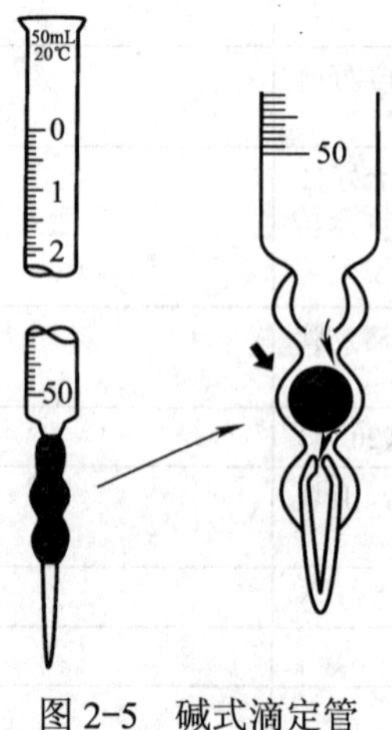

图 2-5　碱式滴定管

二、训练准备

1. 仪器清单

序　号	名　称	规　格	数　量
1	烧杯	100mL	1个
2	碱式滴定管	25mL	1根
3	洗瓶	500mL	1个
4	铁架台	—	1个
5	三角瓶	200mL	2个
6	废液缸	—	1个

2. 试剂清单

序　号	名　称	浓度或要求	数　量
1	酚酞指示剂	10g/L 乙醇溶液	25mL
2	NaOH 溶液	0.1mol/L	100mL
3	HCl 溶液	0.1mol/L	100mL
4	蒸馏水	—	500mL

三、操作流程

检查及检漏→处理→自来水洗→蒸馏水洗→溶液润洗→装液→排气→调零→滴定

1．检查及检漏：往滴定管里加水至“0”刻度，夹在铁架台上，2min后观察在管口是否有液滴流出。⇒ 2．处理：如果橡皮管老化或漏水，把水倒干，把橡皮管拔下，更换新橡皮管或合适玻璃珠，再重复前一步试漏，至不漏水为止。⇒ 3．自来水洗：往滴定管里加适量水，倾斜旋转，使水布满全管，并从滴定管的出口管放出部分，其余部分从另一头倒出，重复三次。⇒

4．蒸馏水洗：往滴定管里加适量蒸馏水，方法同前。⇒ 5．溶液润洗：往滴定管里加适量滴定用溶液，方法同前，所有溶液从出口管放出。⇒ 6．装液和排气：往滴定管里加满滴定用溶液至“0”刻度以上，如有气泡，左手拇指和食指捏住玻璃珠所在部位稍上处，使橡皮管向上弯曲，出口倾斜向上，然后轻轻捏挤橡皮管，溶液带着气泡喷出，见图2-6，再一边捏一边放直。⇒ 7．调零和滴定：确定出口管充满滴定用溶液后再次把滴定管加满至“0”刻度以上，从出口管放出溶液至溶液弯液面最低点与“0”刻度线相切，然后就可以进行滴定。

四、控制姿势

用左手无名指和小指夹住出口管，拇指在前、食指在后，捏住橡皮管内玻璃珠偏上部，往一旁捏橡皮管，使橡皮管与玻璃珠之间形成一条缝隙，溶液即从缝隙处流出，见图 2-7。

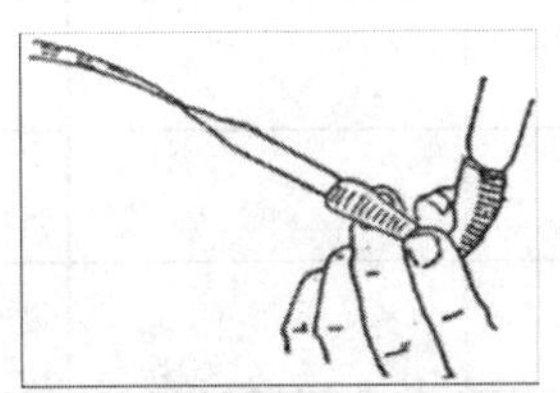

图 2-6　碱式滴定管排气

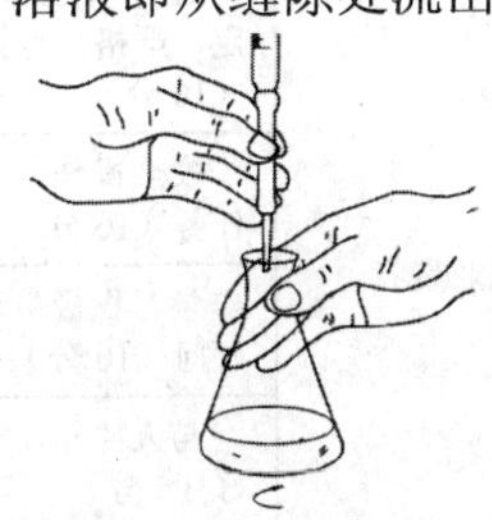

图 2-7　碱式滴定管控制姿势及滴定

碱式滴定管操作练习：

（1）从管内放出液体使其呈线状。

（2）从管内放出液体使速度保持在 3～4 滴/s。

（3）从管内放出液体使速度保持在 1～2 滴/s。

（4）从管内放出半滴液体。

（5）从管内放出小于半滴的液体。

五、滴定训练

取三角瓶 1 个，装入 10mL 左右 0.1mol/L 的 HCl 溶液，并加入 2～3 滴酚酞指示剂，按滴定管操作流程装好 NaOH 溶液进行滴定。

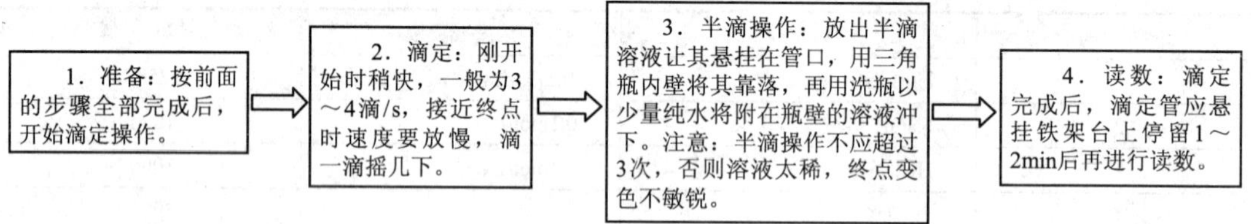

六、滴定管读数（见图 2-8）

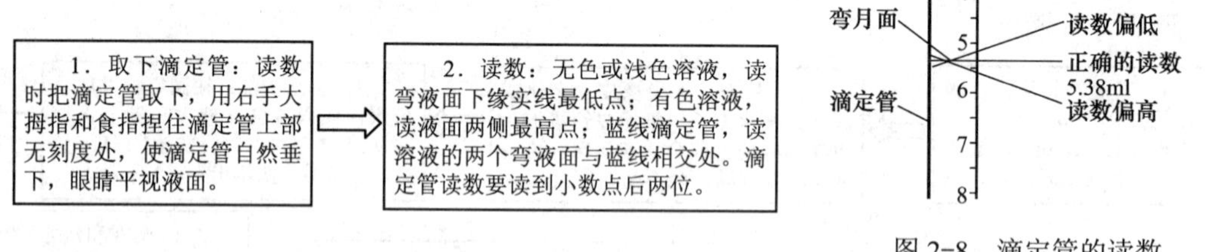

图 2-8　滴定管的读数

任务评价

学业评价表

序　号	项　目		学习任务的完成情况评价		
			自评（30%）	小组评（30%）	教师评（40%）
1	职业素养	遵守实验室管理规定，严格执行操作程序（10 分）			
2		安全操作，按时完成任务（10 分）			
3		学习积极主动、勤学好问（10 分）			
4		与人协作，相互配合好（5 分）			
5		清洁、整理（5 分）			

（续）

学业评价表					
序　号	项　目		学习任务的完成情况评价		
			自评（30%）	小组评（30%）	教师评（40%）
6	专业能力	能正确使用碱式滴定管（30分）			
7		操作规范、熟练（20分）			
8		认真填写实验报告，且填写正确（10分）			
9	分数合计（100分）				
10	存在的问题及建议				
11	综合评价分数				

帮　助

（1）碱式滴定管只可以装碱性的溶液。

（2）需要避光的溶液可用棕色的碱式滴定管。

（3）用25mL的滴定管滴定时，消耗的体积最好在10～15mL，否则可根据实际选用其他型号的滴定管。

（4）读数时可用黑色纸带放在液面下方，让溶液的反射面变成黑色，这样更容易读数。

任务 3

实验常用仪器的使用

任务 3-1 电子天平的使用

在定量分析中，为了能准确称出物体的质量，必须使用分析天平，它是分析实验中最重要的仪器之一。电子天平（见图 3-1）具有性能稳定、灵敏度高、体积小、操作方便、安装容易、维护简单等优点，所以很常用。

图 3-1 电子天平

任务目标

（1）认知电子天平的构造和原理。

（2）能正确使用电子天平进行称量操作。

任务分析

电子天平是分析实验中最重要的仪器之一。学习它的使用方法尤其重要，我们把任务分为：

（1）电子天平的构造和原理的认知。

（2）用电子天平进行固定称量和直接称量。

（3）用电子天平进行减量称量。

任务实施

一、电子天平的构造和原理认知

电子天平一般都是利用电磁力或电磁力矩平衡原理进行称量。电子天平主要由秤盘、传感器、位置检测器、PID 调节器、功率放大器、低通滤波器、微计算机、显示器以及机壳和底脚等构成。虽然秤盘、机壳以及底脚并不是电子天平的核心部件，但是也不能缺少。电子天平想要称量物体，必须有承受装置，也就是秤盘，一般以方形和圆形秤盘比较多见。而整个电子天平的支撑部件就是底脚了，同时它还能调节电子天平的水平。机壳则是电子元件的基座，可以保护电子天平免受灰尘等物质的侵害，确保天平的灵敏度和精确性。电子天平的传感器装在秤盘的下方，由外壳、磁钢、极靴和线圈等组成，由 PID 调节器确保传感器快速而稳定地工作。位置检测器可以将秤盘上的载荷转变成电信号输出，而功率传感器则将微弱的信号进行放大，以保证天平的精度和工作要求。电子天平的传感器在工作时容易受到一些电器元件产生的高频信号的干扰，如果要保证传感器的输出，将输入信号转换成数字信号，就要用低通滤波器来排除这些干扰。而电子天平最核心的部件就是微计算机了，它可以处理电子天平的数据，并且能够进行记忆、计算等功能。最后，这些通过处理的数据以及输出的数字信号就可以显示出来了，人们通过显示器就能够一目了然了。这些部件共同构成了电子天平，它们各有分工，共同确保电子天平可以正常地进行工作。

二、用电子天平进行固定称量和直接称量

直接称量和固定称量是分析实验常用的称量方法，特别是固定称量法，此法适用于称量不易吸水、在空气中性质稳定的试样。

（1）利用电子天平直接称量小烧杯的重量。

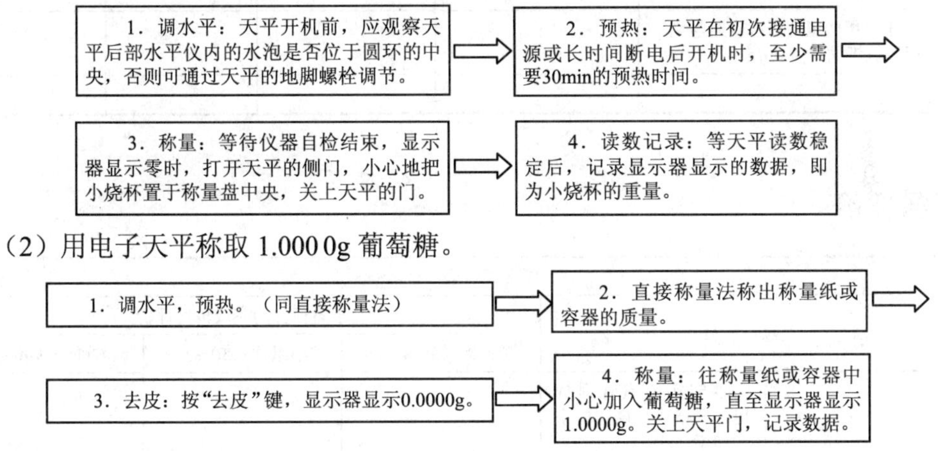

（2）用电子天平称取 1.000 0g 葡萄糖。

三、用电子天平进行减量称量

减量称量法是指把试样装入称量瓶中，准确称量试样和称量瓶的质量，将称量瓶从电子天平上取出，在接收容器的上方倾斜瓶身，用称量瓶盖轻敲瓶口上部使试样慢慢落入容器中，瓶盖始终不要离开接收器上方，见图 3-2。当倾出的试样接近所需量（可从体积上估计或试重得知）时，一边继续用瓶盖轻敲瓶口，一边逐渐将瓶身竖直，使粘附在瓶口上的试样落回称量瓶，然后盖好瓶盖，准确称其质量。两次质量之差，即为试样的质量。按上述方法连续递减，可称量多份试样。

图 3-2　减量称量

有时一次很难得到合乎质量范围要求的试样，可重复上述称量操作 1～2 次。为了便于大家理解，我们以称取 4 份约 0.75g 邻苯二甲酸氢钾为例进行学习。

1．调水平，预热。（同直接称量法） ⇒ 2．把干燥后的邻苯二甲酸氢钾置于称量瓶中。把称量瓶置于天平中（戴棉手套）准确称量，记录质量m_1。 ⇒

3．将称量瓶从电子天平上取出，在接收容器的上方倾斜瓶身，用称量瓶盖轻敲瓶口上部使约0.75g邻苯二甲酸氢钾慢慢落入容器中。 ⇒ 4．一边继续用瓶盖轻敲瓶口，一边逐渐将瓶身竖直，使粘附在瓶口上的试样落回称量瓶，然后盖好瓶盖，准确称其质量，记录质量m_2。 ⇒

5．两次质量之差，即为试样的质量。 ⇒ 6．按上述方法连续递减，可称量第二、三、四份试样。

数据记录：

称量次数	1	2	3	4
称量瓶与邻苯二甲酸氢钾的质量 m_1/g				
倒出部分邻苯二甲酸氢钾后称量瓶与剩下的邻苯二甲酸氢钾的质量 m_2/g				
样品重/g				

任务评价

学业评价表

序号	项目		学习任务的完成情况评价		
			自评（30%）	小组评（30%）	教师评（40%）
1	职业素养	遵守实验室管理规定，严格执行操作程序（10分）			
2		安全操作，按时完成任务（10分）			
3		学习积极主动、勤学好问（10分）			
4		与人协作，相互配合好（5分）			
5		清洁、整理（5分）			
6	专业能力	能说出电子天平的基本构造及用途（5分）			
7		能简单说明电子天平的原理（5分）			
8		能正确使用电子天平进行直接称量和固定称量（20分）			
9		能正确使用电子天平进行减量称量（20分）			
10		认真填写实验报告，且填写正确（10分）			
11	分数合计（100分）				
12	存在的问题及建议				
13	综合评价分数				

帮　助

（1）天平在安装时已经过严格校准，故不可轻易移动天平，否则校准工作需重新进行。

（2）严禁不使用称量纸或容器直接称量。每次称量后，清洁天平，避免对天平造成污染而影响称量精度，以及影响他人工作。

（3）分析天平应按计量部门规定定期校正，并有专人保管，负责维护保养。

（4）经常保持天平内部清洁，必要时用软毛刷或绸布抹净或用无水乙醇擦净。

（5）天平内应放置干燥剂，常用变色硅胶，并定期更换。

（6）称量不得超过天平的最大载荷。

任务 3-2　酸度计的使用

酸度计简称 pH 计（见图 3-3），是一种常用的仪器设备，由参比电极、玻璃电极及电流计 3 部分组成，广泛应用于工业、农业、科研、环保等领域。

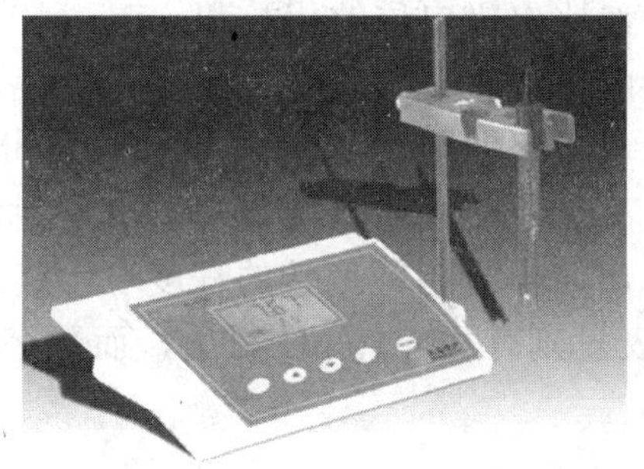

图 3-3　酸度计

任务目标

（1）认知酸度计的构造和工作原理。

（2）能正确使用酸度计进行样品测量。

任务分析

酸度计又名 pH 计，主要用来精密测量液体介质的酸碱度值，配上相应的离子选择电极也可以测量离子电极电位 mV 值。酸度计是测定溶液 pH 值的仪器。我们以 PHS—2C 型数显酸度计为例学习：

（1）认知酸度计的构造和工作原理。

（2）学习酸度计的使用方法。

一、认知酸度计的构造和工作原理

酸度计的主体是精密的电位计。测定时把复合电极插在被测溶液中，由于被测溶液的酸度（氢离子浓度）不同而产生不同的电动势，将它通过直流放大器放大，最后由读数指示器（电压表）指出被测溶液的 pH 值。用酸度计进行电位测量是测量 pH 最精密的方法。pH 计由 3 个部件构成：

（1）一个参比电极。

（2）一个玻璃电极，其电位取决于周围溶液的 pH。

（3）一个电流计，该电流计能在电阻极大的电路中测量出微小的电位差。

也有 pH 计的电极采用复合电极，即参比电极与玻璃电极合二为一。由于采用最新的电极设计和固体电路技术，现在最好的 pH 计可分辨出 0.005pH 单位。参比电极的基本功能是维持一个恒定的电位，作为测量各种偏离电位的对照。银-氧化银电极是目前 pH 计中最常用的参比电极。玻璃电极的功能是建立一个对所测量溶液的氢离子活度发生变化作出反应的电位差。把玻璃电极和参比电极放在同一溶液中，就组成一个原电池，该电池的电位是玻璃电极和参比电极电位的代数和。$E_{电池}=E_{参比}+E_{玻璃}$，如果温度恒定，这个电池的电位随待测溶液的 pH 变化而变化，而测量酸度计中的电池产生的电位是困难的，因其电动势非常小，且电路的阻抗又非常大（1～100MΩ）。因此，必须把信号放大，使其足以推动标准毫伏表或毫安表。电流计的功能就是将原电池的电位放大若干倍，放大了的信号通过电表显示出，电表指针偏转的程度表示其推动的信号的强度，为了使用上的需要，pH 电流表的表盘刻有相应的 pH 数值，而数字式 pH 计则直接以数字显出 pH 值。

二、学习酸度计的使用方法

对于精密级的 pH 计，除了设有“定位”和“温度补偿”调节外，还设有电极“斜率”调节，这就需要用两种标准缓冲液进行校准。一般先以 pH6.86 或 pH7.00 进行“定位”校准，然后根据测试溶液的酸碱情况，选用 pH4.00（酸性）或 pH9.18 和 pH10.01（碱性）缓冲溶液进行“斜率”校正。具体操作步骤为：

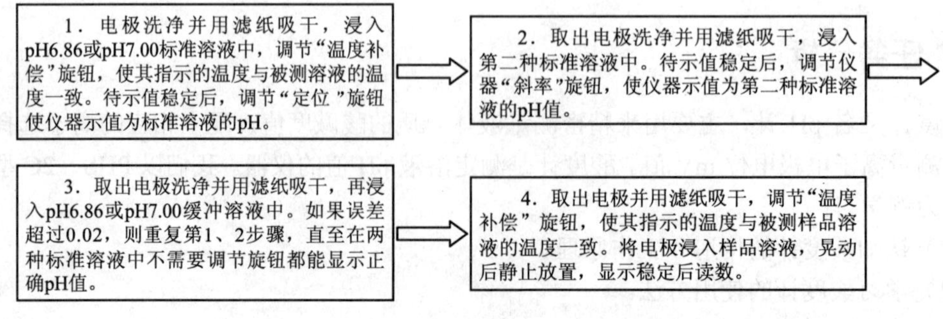

任务评价

学业评价表

序号	项目		学习任务的完成情况评价		
			自评（30%）	小组评（30%）	教师评（40%）
1	职业素养	遵守实验室管理规定，严格执行操作程序（10 分）			
2		安全操作，按时完成任务（10 分）			
3		学习积极主动、勤学好问（10 分）			
4		与人协作，相互配合好（5 分）			
5		清洁、整理（5 分）			
6	专业能力	能说酸度计的基本构造及用途（5 分）			
7		能简单说明酸度计的工作原理（5 分）			
8		能对酸度计进行校正（20 分）			
9		能正确使用酸度计进行测量（20 分）			
10		认真填写实验报告，且填写正确（10 分）			
11	分数合计（100 分）				
12	存在的问题及建议				
13	综合评价分数				

帮　助

经过 pH 标定的仪器，即可用来测定样品的 pH 值。这时温度调节器、定位调节器、斜率调节器都不能再动。复合电极的主要传感部分是电极的球泡，球泡极薄，千万不能跟硬物接触。测量完毕套上保护帽，帽内放少量补充液（3mol/L 的氯化钾溶液），保持电极球泡湿润。

电极的使用与维护注意事项如下：

（1）复合电极不用时，可充分浸泡在 3mol/L 氯化钾溶液中。切忌用洗涤液或其他吸水性试剂浸洗。

（2）使用前，检查玻璃电极前端的球泡。正常情况下，电极应该透明并无裂纹，球泡内要充满溶液，不能有气泡存在。

（3）测量浓度较大的溶液时，尽量缩短测量时间，用后仔细清洗，防止被测液粘附在电极上而污染电极。

（4）清洗电极后，不要用滤纸擦拭玻璃膜，而应用滤纸吸干，避免损坏玻璃薄膜，防止交叉污染，影响测量精度。

（5）电极不能用于强酸、强碱或其他腐蚀性溶液的测量。

（6）严禁在脱水性介质，如无水乙醇、重铬酸钾等溶液中使用。

任务 3-3 分光光度计的使用

分光光度法是通过测定被测物质在特定波长处或一定波长范围内光的吸收度，然后对该物质进行定性和定量分析。常用的波长范围为：①400～760nm 的可见光区；②200～400nm 的紫外光区；③2.5～25μm 的红外光区。使用的仪器分别为可见分光光度计、紫外分光光度计、红外分光光度计。分光光度计可以通过分析溶液的吸收光谱（对不同波长入射光的吸收情况）进行定性分析，也可以通过固定入射光波长去测量吸光度对物质进行定量分析。图 3-4 为 T6 新世纪紫外可见分光光度计。

图 3-4 T6 新世纪紫外可见分光光度计

任务目标

（1）认知分光光度计的构造和工作原理。

（2）学会分光光度计的使用方法。

任务分析

分光光度计是分析实验常用的分析仪器之一。正确使用它能帮助我们更好地开展分析实验，下面以 T6 新世纪紫外可见分光光度计为例学习：

（1）认知分光光度计的构造和工作原理。

（2）学习分光光度计的使用方法。

任务实施

一、认知分光光度计的构造和使用原理

分光光度计主要由光源、单色器、吸收池、检测器和记录器等部分组成。单色光辐射穿过被测物质溶液时，被该物质吸收的量与该物质的浓度和液层的厚度（光路长度）成正比，其关系如下式：

$$A=-\log（I/I_0）=-\lg T=kLc$$

式中 A——吸光度；

I_0——入射的单色光强度；

I——透射的单色光强度；

T——物质的透射率；

k——摩尔吸收系数；

L——被分析物质的光程，即比色皿的边长；

c——物质的浓度。

物质对光的选择性吸收波长，以及相应的吸收系数是该物质的物理常数。当已知某纯物质在一定条件下的吸收系数后可用同样条件将该供试品配成溶液，测定其吸收度，即可由上式计算出供试品中该物质的含量。在可见光区，除某些物质对光有吸收外，很多物质本身并没有吸收，但可在一定条件下加入显色试剂或经过处理使其显色后再测定，故又称比色分析。由于显色时影响呈色深浅的因素较多，故测定时应用标准品或对照品同时操作。

1．分光光度计的使用方法

下面以普析 T6 新世纪紫外可见分光光度计为例学习分光光度计的操作方法。

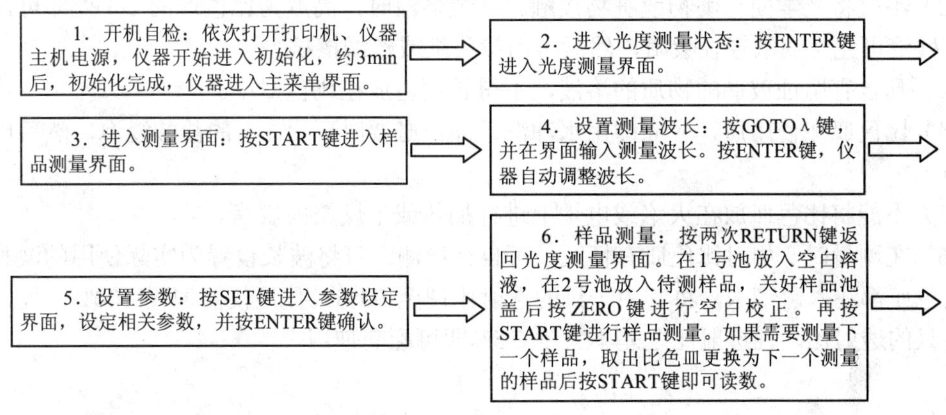

任务评价

学业评价表

序　号	项　目		学习任务的完成情况评价		
			自评（30%）	小组评（30%）	教师评（40%）
1	职业素养	遵守实验室管理规定，严格执行操作程序（10 分）			
2		安全操作，按时完成任务（10 分）			
3		学习积极主动、勤学好问（10 分）			
4		与人协作，相互配合好（5 分）			
5		清洁、整理（5 分）			
6	专业能力	能说出分光光度计的基本构造及用途（5 分）			
7		能简单说明分光光度计的原理（5 分）			
8		能正确使用分光光度计（40 分）			
9		认真填写实验报告，且填写正确（10 分）			
10	分数合计（100 分）				
11	存在的问题及建议				
12	综合评价分数				

帮 助

比色皿的使用方法如下：

（1）拿取比色皿时，只能用手指接触两侧的毛玻璃，避免接触光学面。

（2）不得将光学面与硬物或脏物接触。盛装溶液时，高度为比色皿的 2/3 处即可，光学面如有残液可先用滤纸轻轻吸附，然后再用镜头纸或丝绸擦拭。

（3）凡含有腐蚀玻璃的物质的溶液，不得长期盛放在比色皿中。

（4）比色皿在使用后，应立即用水冲洗干净。必要时可用 1:1 的盐酸浸泡，然后用水冲洗干净。

（5）不能将比色皿放在火焰或电炉上进行加热或干燥箱内烘烤。

（6）在测量时，如对比色皿有怀疑，可自行检测。可将波长设置为实际使用的波长，将一套比色皿都注入蒸馏水，将其中一只的透射比调至 95%（数显仪器调置 100%）处，测量其他各只的透射比，凡透射比之差不大于 0.5%即可配套使用。

任务 3-4 马福炉的使用

马福炉（见图 3-5）是一种通用的加热设备，是由英文 muffle furnace 翻译过来的，muffle 是包裹的意思，furnace 是炉子、熔炉的意思。马福炉在中国的通用叫法有电炉、电阻炉、马福炉。

图 3-5 马福炉

任务目标

使用马福炉对检验样品进行预处理。

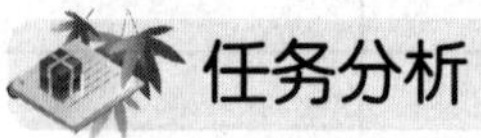

任务分析

马福炉是我们进行样品处理常用的仪器，安全操作是关键。

任务实施

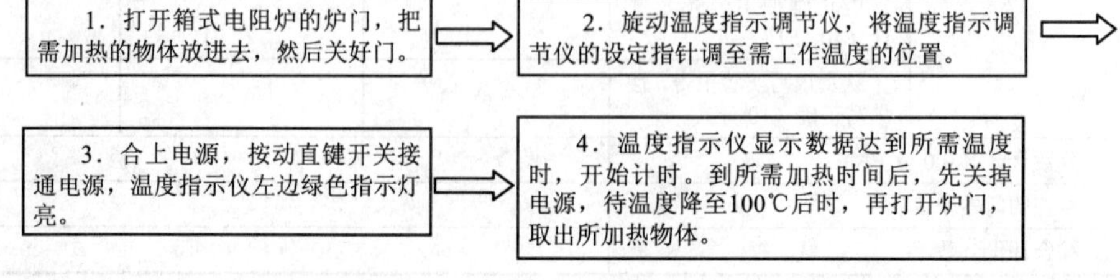

任务评价

学业评价表					
序　　号	项　　目		学习任务的完成情况评价		
			自评（30%）	小组评（30%）	教师评（40%）
1	职业素养	遵守实验室管理规定，严格执行操作程序（10分）			
2		安全操作，按时完成任务（10分）			
3		学习积极主动、勤学好问（10分）			
4		与人协作，相互配合好（5分）			
5		清洁、整理（5分）			
6	专业能力	能说出马福炉的基本构造及用途（5分）			
7		能正确使用和马福炉（30分）			
8		能对马福炉进行维护（15分）			
9		认真填写实验报告，且填写正确（10分）			
10	分数合计（100分）				
11	存在的问题及建议				
12	综合评价分数				

帮　助

（1）将电炉和控制台平放在室内平整的地面或适当的工作台上，禁用木制架且远离其他怕热易燃的物品，另外温度控制器应避免受震动。

（2）在连接热电偶时，应注意正负极不可接反。

（3）为了安全操作，炉体、控制器的外壳必须可靠接地。

（4）应在供电线路电源输入端加装前级开关一只，供此箱专用，所用地线应为比电炉线粗一倍的导线。

（5）通电前，先检查接线是否与铭牌符合，控制器上的接线螺丝是否有松落现象，待一切就绪，就可以接通电源使电炉升温，此时，仪表绿指示灯亮。

（6）电炉由于存放和运输过程中可能受潮，所以在使用前必须进行烘炉干燥，烘炉时间应为室温至200℃，烘四小时；200～600℃，烘四小时。

（7）为了维护电炉使用寿命，温度不允许超过极限温度，禁止向炉膛内灌注各种液体，并经常清除炉膛内的氧化物。

任务3-5　鼓风干燥箱的使用

利用鼓风干燥箱（见图 3-6）对样品进行干燥，是我们在进分析实验时常做的操作，如水分测定、样品干燥、对标准溶液标定用的基准物质进行干燥等。

任务目标

能正确使用鼓风干燥箱协助食品分析与检验实验。

任务分析

下面以 DGX—9003 系列鼓风干燥箱为例，学习修改设定温度值和恒温定时操作。其中修改设定温度值操作简单且常用，恒温定时操作相对复杂。

图 3-6　鼓风干燥箱

任务实施

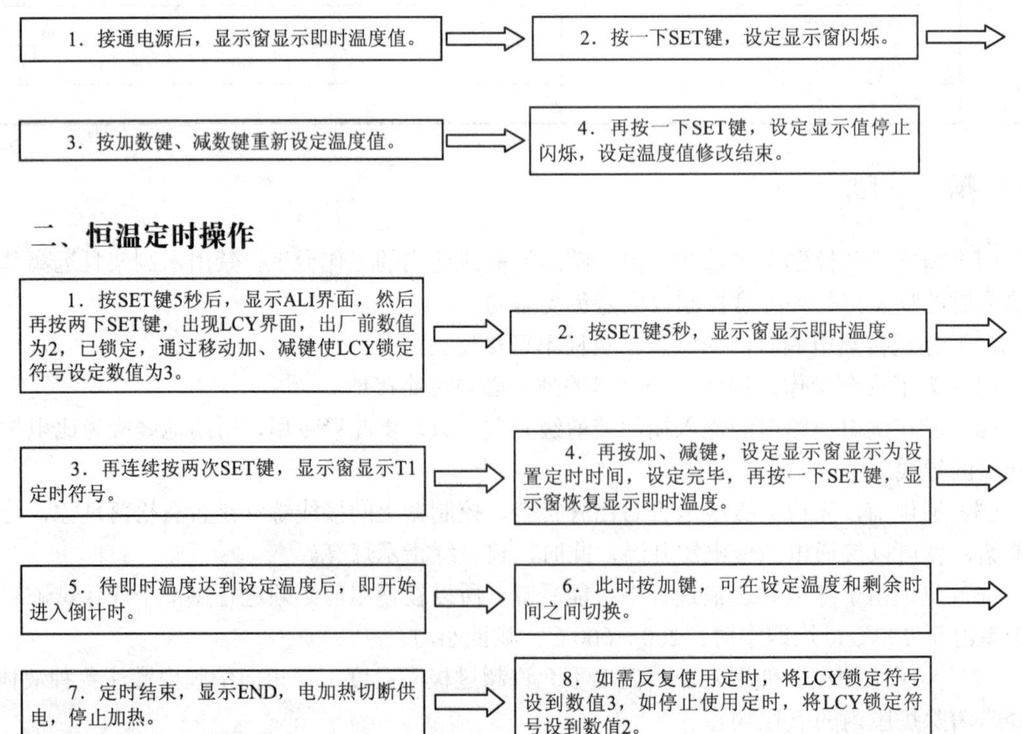

任务评价

学业评价表					
序　号	项　目		学习任务的完成情况评价		
			自评（30%）	小组评（30%）	教师评（40%）
1	职业素养	遵守实验室管理规定，严格执行操作程序（10 分）			
2		安全操作，按时完成任务（10 分）			
3		学习积极主动、勤学好问（10 分）			
4		与人协作，相互配合好（5 分）			
5		清洁、整理（5 分）			
6	专业能力	能说出鼓风干燥箱的基本构造及用途（5 分）			
7		能正确操作鼓风干燥箱（30 分）			
8		会设定和修改温度值和进行恒温定时操作（15 分）			
9		认真填写实验报告，且填写正确（10 分）			
10	分数合计（100 分）				
11	存在的问题及建议				
12	综合评价分数				

帮　助

（1）干燥箱用于试样的烘熔、干燥或其他加热用。干燥箱在环境温度不大于 40℃，空气相对湿度不大于 85%条件下工作。

（2）干燥箱须使用专用的插头插座，并用比电源线粗一倍的导线接地。使用前检查电气绝缘性能，并注意有否断路、短路及漏电现象。

（3）干燥箱使用时，放置的试样切勿过重、过密，一定要留有空隙，工作室底板上不能放置试品。

（4）干燥箱内严禁放入易燃、易挥发物品，以防爆炸。

（5）通上电源，绿色指示灯亮，开启鼓风开关，鼓风电机运转，开启加热电源，干燥箱即进入工作状态。

（6）工作时，箱门不宜经常打开，以免影响恒温场。

>>> 任务 3-6 电子恒温水浴锅的使用

恒温水浴锅（见图 3-7）广泛用于企业、医疗单位、大专院校、科研部门和生产单位进行蒸发、干燥、浓缩、恒温加热等。

任务目标

能正确使用恒温水浴锅，能熟练设置设备的参数。

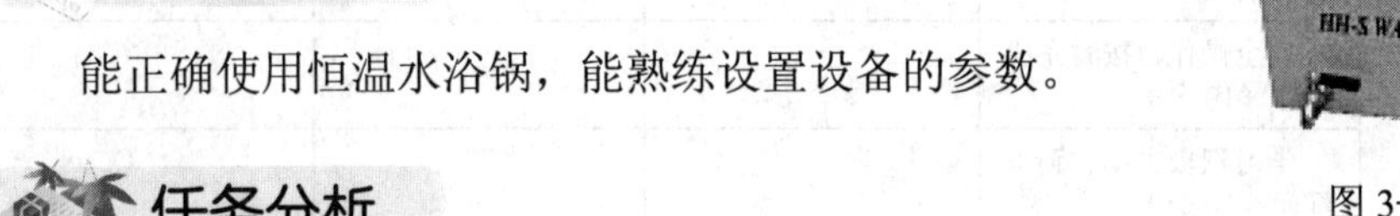

图 3-7 恒温水浴锅

任务分析

恒温水浴锅操作简单，容易学会。

任务实施

下面以 HHS 系列电子恒温水浴锅为例：

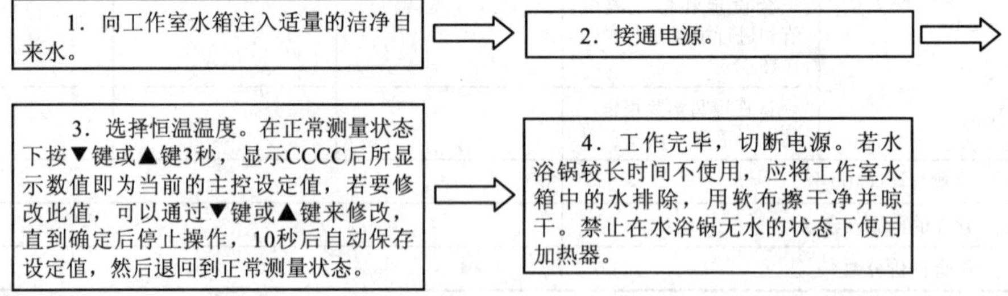

任务评价

学业评价表

序号	项目		学习任务的完成情况评价		
			自评（30%）	小组评（30%）	教师评（40%）
1	职业素养	遵守实验室管理规定，严格执行操作程序（10 分）			
2		安全操作，按时完成任务（10 分）			
3		学习积极主动、勤学好问（10 分）			
4		与人协作，相互配合好（5 分）			
5		清洁、整理（5 分）			

（续）

学业评价表					
序　号	项　目		学习任务的完成情况评价		
			自评（30%）	小组评（30%）	教师评（40%）
6	专业能力	能说出电子恒温水浴锅的基本构造及用途（5分）			
7		能正确使用电子恒温水浴锅（30分）			
8		能熟练进行参数设置（15分）			
9		认真填写实验报告，且填写正确（10分）			
10	分数合计（100分）				
11	存在的问题及建议				
12	综合评价分数				

帮　助

（1）箱外壳必须有效接地。

（2）在未加水之前，切勿接上电源，以防电热管的热丝烧毁。

（3）非必要时请勿拆开右侧的差板以策安全。

（4）使用完毕应将电源切断。

（5）箱内外应经常保持整洁。

（6）如发现指示灯不亮，先将电源切断，拔下插座将右侧之插板拆开，如保险丝或指示灯泡损坏，可用同规格的更换。

（7）如遇恒温控制失灵，说明控制器上的传感器失灵，调换后即可使用。

任务 4

样品的采集、制备、预处理与保存

任务 4-1 样品的采集

任务目标

学会采样。

任务分析

所有检验工作成功的第一步是采样，采样有问题就会直接影响到检验的结果。以下所有内容不涉及微生物学检验范畴，涉及微检的项目取样时要保证无菌操作。

任务实施

一、采样的原则

1．代表性

要求随机抽样、正确布点。

随机抽样具体做法有：

① 掷骰子，简便易行，适于生产现场用。

② 用随机表。

③ 用计算器、计算机。

④ 用抽奖机。

其他抽样方法还有：

① 按不同生产日期或流水线上按一定的时间间隔抽样。

② 按分析的目的取样。

正确布点也很重要。例如：粘稠不好混匀的液体，从包装内上、中、下分别取样；蔬菜要从茎、枝、叶分别取样，粉碎后混匀；测鱼头部分的成分就只取鱼头。

2．典型性

主要对特殊样品而言：

（1）污染或怀疑污染的食品。

（2）中毒或怀疑中毒的食品。

（3）掺假或怀疑掺假的食品。

腐败变质、被污染及食物中毒可疑食品，这类情况可分别采取外观有明显区别的，如色、香、味、包装及不同存放条件的食品。

3．适时性

（1）时间过长：易发生腐败变质或其他改变而失去代表性。

（2）样品消失（中毒食品）。

4．程序性

采样、送检、留样和出具报告均应按规定程序进行，都要有完整的手续，分清责任。

二、采样的要求

（1）采样应注意抽检样品的生产日期、批号、现场卫生状况、包装和包装容器状况等。

（2）小包装食品送检时要保持原包装的完整，并附上原包装上的一切商标及说明，供检验人员参考。

（3）盛放样品的容器不得含有待测物质和干扰物，一切采样工具应清洁、干燥无味。在检验之前应防止一切有害物质或干扰物质带入样品。供微检的样品应严格遵守无菌操作规程。

（4）采样后应迅速送检，尽量避免样品在检验前发生变化。

（5）要认真填写好采样记录单。

三、采样方法

1．均匀的固态样品

可按不同批号分别进行采样，对同一批的产品采样次数可按下式决定：$S=\sqrt{N/2}$。式中N代表被检物质数目（袋、件）；S代表采样次数。

然后从样品堆放的不同部位按采样次数确定具体采样袋（件、桶、包）数，用双套迴转取样管，插入每袋上、中、下3个部位，分别采取部分样品混合为原始试样；若为堆状的散粒状样品，则应在一堆样品的顶部及四周，也分别在上、中、下3个部分用双套迴转取样管插入采样并混合为原始试样；对动态物料的采样可根据被检物料数量和机械传送速度，定出采样次数、间隔时间和每次应采数量，然后定时在横断面采取样品，最后混合为原始试样。

2．液体及半固体样品

对储存在大容器的物料可参照固体采样法的公式确定采样次数，再从各采样桶用虹吸法分上、中、下3层采出少部分样品混于一洁净、干燥的大容器中，充分混匀后取0.5～1L为分析样品；若样品在一大池中，则可在池的四角及中心部分上、中、下3层进行采样，经混匀后取出0.5～1L为分析样品。

3．不均匀的固体样品

一般根据检验目的和要求的不同，有时需要从不同部位采集小样；有时要从具有代表性的各个部位分别取小样（一般取可食部分），混合并经充分捣碎均匀后取出 0.5kg 为分析样品。

4．小包装食品

应根据批号分批连同包装一起采样，同一批号采样件数以批量不同而有所不同。同批次样品的采样在该批产品的不同位置随机抽取 *n* 箱，再从 *n* 箱中各抽取一包（瓶）作为分析试样。一般来说，批量在 1000 箱以下的，取 5 箱左右；批量在 1000～3500 箱之间的，取 8 箱左右；批量在 3500 箱以上的，取 12 箱左右。将其中一部分用于理化和感官检验，一部分封存作为仲裁样品保存。

以上是没有特别规定时的抽样方法，如某些产品在标准中有规定的抽样方法则应按规定方法抽样。

参考采样记录单

样品名称	规格型号	等级	批次	采样地点	日期	数量	采样人
检验目的及项目							
采样方法							
生产厂家名称及地址							

任务评价

学业评价表

序号	项目		学习任务的完成情况评价		
			自评（30%）	小组评（30%）	教师评（40%）
1	职业素养	学习积极主动、勤学好问（10 分）			
2		主动参与讨论，能有效表达自己的见解（20 分）			
3		乐于帮助别人，耐心解答同学疑问（10 分）			
4	专业能力	能说出采样的原则（10 分）			
5		能描述采样的方法（20 分）			
6		能进行正确采样（30 分）			
7	分数合计（100 分）				
8	存在的问题及建议				
9	综合评价分数				

帮　助

（1）肉类的采样要视不同的目的和要求确定，有时从不同部位采样综合代表整只动物，有时从多只动物相同部位采样混合代表某部位情况。

（2）水产品：个体小的可随机多个取样，切碎、混合均匀后，分取缩减至所需量；个体较大的可在若干个体上切少量可食部分，切碎、混合均匀后，分取缩减至所需量。

（3）果蔬取样，先去皮核，只留可食部分。个体较小的果蔬，如豆、葡萄等，随机选择多个整体，切碎混匀后，缩减至所需量；体积较大的果蔬，如番茄、西瓜等，按成熟度及个体大小比例，选取若干个个体，对每个个体单独取样，以消除样品间的差异。取样的方法是从每个个体生长轴的纵向剖成4份或8份，取对角线2份，再混合及缩分，以减少内部差异；体积膨松型的蔬菜，如白菜、菠菜等，应由多个包装（捆、框）分别抽取一定数量，混合后做成平均样品。

（4）各类食品的采样数量、方法均有具体的规定，可参照相关标准。

（5）样品分检验用样品与送检样品两种。检验用样品是由较多送检样品均匀混合后再取样，直接供分析检验用，取样的量由各检测项目决定。送检样品的取样量至少应是全部检验用量的4倍。

（6）采样工具见图4-1。

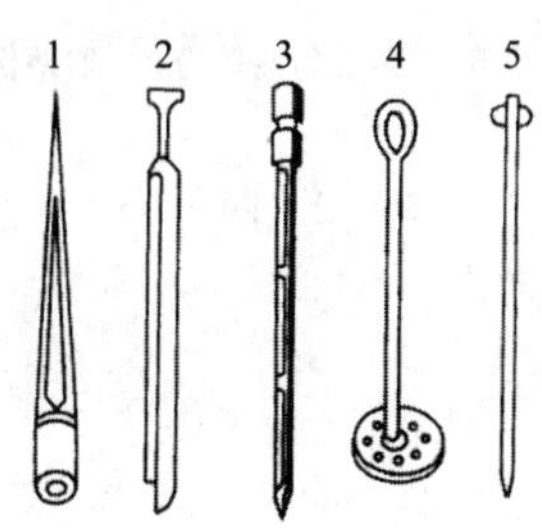

图4-1　采样工具

1—固体脂肪采样器　2—采取谷物、糖类采样器

3—套筒式采样器　4—液体采样搅拌器

5—液体采样器

任务4-2　样品的制备

任务目标

学会样品的制备方法。

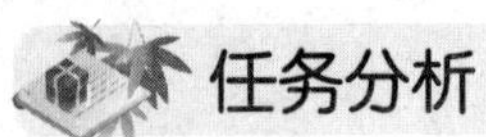

许多食品的各个部分的组分差异很大，所有采集的样品在化验之前必须经过制备过程。目的是保证样品均匀，使取其中任何部分都能代表被检物料的平均组成。制备过程中要防止易挥发成分的逸散及避免样品组成和理化性质的变化。

一、制备方法

不同的食品制备方法不同，大致可分为以下几种：

1. 固体样品

按四分法对角取样至所需样品量。将原始样品置于一张干净的纸上或一块干净的玻璃板上，用洁净玻璃棒充分搅拌均匀后堆成一圆锥形，将锥顶压平，然后等分成四分，弃去对角两份，将剩余的再按上述方法重复进行，直至剩余量为所需的样品量为止，见图 4-2。

图 4-2 四分法

2. 液体或浆状食品

可用搅拌器充分搅拌均匀。

3. 含水量较低的食品

可用研钵或磨粉机磨碎并混合均匀。

4. 含水量较高的肉类、鱼类、禽类

预先去除非可食部分，洗净沥干，取可食部分放入绞肉机中绞匀。

5. 含水量较高的水果和蔬菜

清洗沥干，从不同的可食部位切取少量物料，混合后放入高速组织捣碎机中充分捣碎，可视情况加等量的水，动作迅速，防止水分蒸发并尽可能对制备好的样品及时处理分析。

6. 蛋类

去壳后用打蛋器打匀。

7. 罐头食品

取可食部分，并取出各种调味料后再制备均匀。

任务评价

学业评价表					
序　号	项　目		学习任务的完成情况评价		
			自评（30%）	小组评（30%）	教师评（40%）
1	职业素养	学习积极主动、勤学好问（10分）			
2		主动参与讨论，能有效表达自己的见解（20分）			
3		乐于帮助别人，耐心解答同学疑问（10分）			
4	专业能力	能描述不同样品的制备方法（60分）			
5	分数合计（100分）				
6	存在的问题及建议				
7	综合评价分数				

任务4-3　样品的预处理

任务目标

学会样品预处理的方法。

任务分析

许多食品的组成比较复杂，各组分往往以复杂的结合态或配合物存在于食物中，导致测定时出现许多干扰问题，还有些组分由于含量较少，必须被浓缩才能达到测定方法的灵敏度。样品预处理的目的就是要使样品变成一种易于检测的形式，排除干扰因素，完整保留被测组分，必要时要浓缩被测组分以获得满意分析结果。

任务实施

一、基本要求

（1）试样应完全分解。

（2）试样分解时不能引入待测组分，也不能使待测组分损失。

（3）试样分解时所用试剂及反应产物对后续测定应无干扰。

二、处理方法

1. 直接溶解

被测物质可溶于水的，可加水溶解后直接测定。对于难溶于水的物质，则用有机溶剂来提取。

2. 有机物破坏法

常用于食品中无机盐或重金属离子的测定。

（1）干法灰化　将样品置于坩埚中，先用电炉小火碳化，去除水分、黑烟后，再置于500～600℃的高温炉中灼烧灰化，至残灰为白色或浅灰色为止。取出残灰，冷却后用稀盐酸或稀硝酸溶解过滤，滤液定容后供测定用。这种方法适用于除汞以外的金属元素的测定。

（2）湿法消化　在强酸溶液中，在加热条件下，利用强氧化剂的氧化作用，使有机质分解、氧化呈气态逸出，被测金属则呈离子状态留在溶液中供测试用。

（3）微波炉消解法　在微波电磁场作用下，样品与酸的混合物通过吸收微波能量，使介质中的分子相互摩擦，产生高热。同时，交变电磁场使介质分子产生极化，由极化分子的快速排列引起张力。由于这两种作用，样品的表面层不断搅动破裂，产生新的表面与酸反应。由于溶液在瞬间吸收辐射能，减少了传统的分解方法所用的热传导过程，因而分解快速。

3. 蒸馏法

蒸馏法是指利用被测物质中各组分的挥发性差异来进行分离的方法，可用于除去干扰组分，也可将被测组分蒸馏逸出，收集馏出液进行分析。

4. 溶剂萃取法

在试液中加入一种与原溶剂不相混溶的有机溶剂，利用试液中某种组分在此有机溶剂中的溶解特性，使之与不溶于此溶剂的其他组分分类。

5. 沉淀分离法

在试样中加入适当的沉淀剂，使被测组分沉淀下来，或将干扰组分沉淀除去，从而达到分离的目的。

6. 色层分离法

（1）吸附层析法　利用吸附剂经活化处理后所具有的适当的吸附能力，可对被测组分或干扰组分进行选择性吸附而达到分离的目的。

（2）分配层析法　根据不同的物质在两相间的分配比不同而进行分离的。被分离组分在流动相沿着固定相移动，由于不同物质在两相中具有不同的分配比，从而使被分离组分分离出来。

（3）离子交换分离法

将被测离子溶液与离子交换剂一起混合振荡，或将样液缓缓通过用离子交换剂做成的离子交换柱时，被测离子或干扰离子与离子交换剂上的离子发生交换，被测离子或干扰离子留在离子交换柱上，其他物质留在溶液里，从而达到分离的目的。

7. 加掩蔽剂消除干扰

加入掩蔽剂来减少甚至消除干扰。

任务评价

学业评价表

序　号	项　目		学习任务的完成情况评价		
			自评（30%）	小组评（30%）	教师评（40%）
1	职业素养	学习积极主动、勤学好问（10 分）			
2		主动参与讨论，能有效表达自己的见解（20 分）			
3		乐于帮助别人，耐心解答同学疑问（10 分）			
4	专业能力	能描述样品预处理的方法（60 分）			
5	分数合计（100 分）				
6	存在的问题及建议				
7	综合评价分数				

帮　助

（1）干法灰化的优点是有机质破坏彻底，操作简便，试剂用量少，测定空白值较小。缺点是灰化时间长，挥发性元素在高温下挥散损失大。

（2）湿法消化的优点是加热温度较干法低，减少了金属挥发逸散的损失。但消化过程产生大量有害气体，消化初期产生大量泡沫易冲出瓶颈造成损失，需随时照管。近年来出现了高压密封消化罐，克服了常压消化的缺点，但罐体使用寿命有限，密封程度要求高。

（3）微波炉消解法有以下优点：

① 样品消解时间从几小时减少到几十秒。

② 使用试剂量少，消化样品有较低空白值。

③ 使用密封容器，样品交叉污染机会少，同时消除了常规消解时产生的大量酸气对环境的污染。

④ 减少甚至消除了某些挥发性元素的消解损失。

缺点是设备昂贵。

任务 4-4　样品的保存

任务目标

学会样品的保存方法。

任务分析

原则上样品采集后应尽快分析，如实在不能则要密封加塞进行妥善保存。检验完成后有怀疑或争议时也需要对样品进行复检，所以样品应封存一段时间。

任务实施

（1）易腐败变质的可放在 0～5℃冰箱内，在不影响分析结果的前提下可适当加入防腐剂或进行真空冷冻干燥保存。

（2）有些成分，如胡萝卜素、黄曲霉毒素 B_1、维生素 B_2 等，容易发生光解，要分析这些项目必须避光保存。

（3）放样品的环境要良好，样品的标示要清楚，样品摆放要有序。

总之，要保证样品的外观和化学成分不发生变化，分析结束后的剩余样品除易腐败变质者不予保留外，其他样品一般保存一个月。

注意要点：

① 容器应是干净干燥的优质磨口玻璃瓶。外贴标签，注明样品的相关情况。

② 易腐败变质的需进行冷藏、避光保存，时间不宜过长。

③ 已腐败变质的应弃去重新采样分析。

任务评价

学业评价表

序号	项目		学习任务的完成情况评价		
			自评（30%）	小组评（30%）	教师评（40%）
1	职业素养	学习积极主动、勤学好问（10 分）			
2		主动参与讨论，能有效表达自己的见解（20 分）			
3		乐于帮助别人，耐心解答同学疑问（10 分）			
4	专业能力	能描述样品保存的方法（60 分）			
5	分数合计（100 分）				
6	存在的问题及建议				
7	综合评价分数				

常用溶液的配制

任务 5 >>>

一般溶液的配制

在分析化学实验中，大多的反应都在溶液中进行，并且以离子态进行反应，本任务主要以化学实验中常用的几种溶液的配制方法进行讲解和练习。

>>> 任务 5-1 质量分数溶液的配制

任务目标

（1）理解溶液、溶剂、溶质的含义。

（2）能按照给定的量进行溶液质量分数的计算。

（3）能进行一定质量分数浓度溶液的配制。

任务分析

溶液质量分数在溶液配制中是一个基本的常用术语，一般用以表示溶液的浓度。完成本任务需要清楚溶质、溶剂、溶液的概念及其相互变化对彼此的影响。现在把学习任务分为：

（1）理解溶液中质量分数的含义和计算方法。

（2）进行一定质量分数氯化钠溶液的配制。

任务实施

一、理解溶液中质量分数的含义和计算方法

1. 有关溶质、溶剂与溶液的关系

溶剂是一种可以溶化固体、液体或气体溶质的液体，继而成为溶液。在日常生活中最普遍的溶剂是水。溶质是溶液中被溶剂溶解的物质。溶液质量分数一般是指溶液中溶质质量与溶液质量之比。

溶液中溶质的质量分数=溶质质量/溶液质量×100%

=溶质质量/（溶质质量+溶剂质量）×100%

溶质质量=溶液质量×溶质的质量分数

溶剂质量=溶液质量−溶质质量

2．溶液的质量分数计算

例 5-1：把 10g 食盐溶解于 90g 的水中，问食盐溶液的质量分数为多少？

解：溶液的质量分数 = 溶质质量/溶液质量×100%，即 ω=10g/（90g+10g）×100%=10%。

答：食盐溶液的质量分数为 10%。

溶质的质量与溶剂的质量对溶液的质量与浓稀的影响见下表：

溶质的质量	溶剂的质量	溶液的质量	溶液的浓稀
不变	减少	减少	变浓
不变	增大	增大	变稀
增大	不变	增大	变浓
减少	不变	减少	变稀

需要注意的是：

（1）溶质的质量分数只表示溶质质量与溶液质量之比，并不代表具体的溶液质量和溶质质量。

（2）溶质的质量分数一般用百分数表示。

（3）溶质的质量分数计算式中溶质质量与溶液质量的单位必须统一。

（4）计算式中溶质质量是指被溶解的那部分溶质的质量，没有被溶解的那部分溶质质量不能计算在内。

例 5-2：1000g 溶质质量分数为 20%的氯化钠溶液中有氯化钠多少克？

解：m（NaCl）=$m_{溶液}$×W（NaCl）=1000g×20%=200g。

答：溶液中有氯化钠 200g。

二、进行一定质量分数氯化钠溶液的配制

配制质量分数为 20%的氯化钠溶液 500g。

1．试剂和仪器的准备

序　号	名　称	规格或要求	数　量
1	NaCl	分析纯	若干
2	水	蒸馏水或去离子水	若干
3	天平	精确至 0.1g	1 台
4	量筒	100mL、250mL	各 1 个
5	烧杯	50mL、500mL	各 1 个
6	玻璃棒	—	1 根

2．操作步骤

（1）计算氯化钠和水的使用量：氯化钠为 100g，水为 400mL（20℃时，水密度为 1g/mL）。

（2）在托盘天平上用小烧杯称取氯化钠 100g，用量筒取 400mL 水。

（3）把 100g 氯化钠固体溶解于 400g 水中，并均匀搅拌，即成质量分数为 20%的氯化钠溶液。

3. 数据记录和处理

氯化钠的质量：________g；

蒸馏水的质量：________g；

溶液的总质量：________g；

溶液的质量分数：_______%。

任务评价

学业评价表

序号	项目		学习任务的完成情况评价		
			自评（30%）	小组评（30%）	教师评（40%）
1	职业素养	遵守实验室管理规定，严格执行操作程序（10分）			
2		安全操作，按时完成任务（10分）			
3		学习积极主动、勤学好问（10分）			
4		与人协作，相互配合好（5分）			
5		清洁、整理（5分）			
6	专业能力	能描述溶质、溶剂与溶液的相互关系（10分）			
7		实验操作规范（20分）			
8		实验结果准确且精确度高（20分）			
9		认真填写实验报告，且填写正确（10分）			
10	分数合计（100分）				
11	存在的问题及建议				
12	综合评价分数				

任务5-2 体积分数溶液和混合体积分数溶液的配制

任务目标

（1）能进行单一体积分数溶液的配制。

（2）能进行混合体积分数溶液的定量配制。

任务分析

体积分数溶液的配制一般是对液体溶质而言，在配制过程中按照所需配制溶液量，选用不同型号大小量筒进行体积的量取。

一、任务准备

序　号	名　称	规格或要求	数　量
1	无水乙醇	分析纯	若干
2	水	蒸馏水或去离子水	若干
3	量筒	100mL、500 mL	各1个
4	烧杯	1000 mL、2000 mL	各1个
5	玻璃棒	—	1根

二、单一的体积分数溶液的配制

1. 体积分数

体积分数（φ_A）表示物质A的体积除以混合物的体积，或以100mL溶液中含有液体溶质的毫升数表示的浓度，即

$$\varphi_A=V_A/V\times100\%$$

式中　φ_A——体积分数；

V_A——液体溶质的体积（mL）；

V——溶液的体积（mL）。

2. 体积分数溶液配制

例5-3：用无水乙醇配制75%（体积分数）的乙醇溶液100mL，应该如何配制？

解：已知 φ=75%，V=100mL，则 $V_A=V\times\varphi=100\times75\%=75$mL。

答：用量筒量取75 mL无水乙醇，再加入蒸馏水至刻度即可。

例5-4：把80%（体积分数）的酒精溶液100mL溶液稀释到50%，应该加多少蒸馏水？

解：$V_{酒精}=80\%\times100\text{mL}=80\text{mL}$

$V_{溶液}=80\text{mL}/50\%=160\text{mL}$

$V_{水}=V_{溶液}-V=160\text{mL}-100\text{mL}=60\text{mL}$

答：应该加水60mL。（此处忽略不同溶液混合后对体积的影响）

三、混合体积分数溶液的定量配制

两份体积分数不一样的同种溶液相互混合后，溶液的体积等于该两份溶液中溶质与溶剂的体积和，混合液溶质（或溶剂）的体积也等于混合前两份溶液中溶质（或溶剂）体积的和，即 $V_{混}=V_1+V_2$。

例5-5：现有40%（体积分数）的酒精和60%的酒精若干，如何配制1L体积分数为48%的酒精溶液？

解：设现有 40%的酒精溶液体积为 XmL、60%的酒精溶液体积为 YmL。

要求配制的 1L 48%的酒精溶液中乙醇体积为：$V_{乙醇}=1\text{L}\times48\%=480\text{mL}$。

根据定义得：$40\%X+60\%Y=480\text{mL}$

$X+Y=1000\text{mL}$

求得：$X=600\text{mL}$，$Y=400\text{mL}$。

答：配制 1L 体积分数为 48%的酒精溶液，只需取体积分数 40%的酒精溶液 600mL 混合体积分数 60%的酒精溶液 400mL 即可。（此处忽略不同溶液混合后对体积的影响）

任务评价

学业评价表

序号	项目		学习任务的完成情况评价		
			自评（30%）	小组评（30%）	教师评（40%）
1	职业素养	遵守实验室管理规定，严格执行操作程序（10 分）			
2		安全操作，按时完成任务（10 分）			
3		学习积极主动、勤学好问（10 分）			
4		与人协作，相互配合好（5 分）			
5		清洁、整理（5 分）			
6	专业能力	能运用体积分数的公式（10 分）			
7		能运用正确的方法进行溶液的混合、稀释（20 分）			
8		能配制出所需体积分数的溶液（20 分）			
9		认真填写实验报告，且填写正确（10 分）			
10	分数合计（100 分）				
11	存在的问题及建议				
12	综合评价分数				

任务 5-3 质量浓度溶液的配制

任务目标

（1）了解质量浓度的定义及表达方式。

（2）会配制一定质量浓度的溶液。

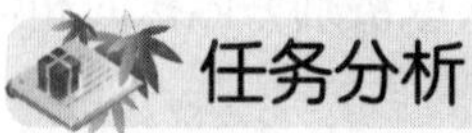

任务分析

质量浓度溶液一般是对固体溶质溶解于液体溶剂而言，是实验试剂浓度的一个较常用的表达方式。根据这一实际，把学习任务分为：

（1）了解质量浓度的定义及表达方式。

（2）配制一定质量浓度的溶液。

任务实施

一、试剂及仪器准备

序　号	名　称	规格或要求	数　量
1	Na_2CO_3	分析纯	若干
2	H_2SO_4	分析纯	若干
3	水	蒸馏水或去离子水	若干
4	天平	精确至 0.1g	1 台
5	量筒	100mL、250mL	各 1 个
6	烧杯	50mL、100mL、500mL	各 1 个
7	玻璃棒	—	1 根

二、质量浓度的定义及表达方式

单位体积混合物中某组分的质量称为该组分的质量浓度，以符号 ρ 表示，单位为 g/L 或 mL/L 等，计算公式为

$$\rho=m/V$$

式中　ρ——物质的质量浓度（g/L）；

m——固体溶质的质量（g）；

V——混合物的总体积（L）。

三、配制一定质量浓度的溶液

例 5-6：配制 10g/L 的碳酸钠溶液 400 mL，问应该取碳酸钠多少克？如何配制？

解：已知 ρ=10g/L，V=400mL；则 $m=\rho V$=10g/L×0.4L=4g。

答：用电子天平称取 4g 碳酸钠于小烧杯中，加水溶解，转入大烧杯中，用量筒加水稀释至 400mL 即可。

若用一个质量浓度较大的溶液配制成较稀质量浓度的溶液，只需计算出应取浓溶液的体积即可完成配制。计算根据是稀释前后两溶液中所含溶质相等，即：$m_1=m_2$，$V_1\times\rho_1=V_2\times\rho_2$。

例 5-7：配制 100g/L H_2SO_4 500mL，问应取 1.84g/mL 的浓 H_2SO_4 多少毫升？如何配制？

解：已知 ρ_1=1840g/L，ρ_2=100g/L，V_2=500mL，即可得：

$$V_1=V_2\times\rho_2/\rho_1=\frac{500\text{mL}\times100\text{g/L}}{1840\text{g/L}}=27.2\text{mL}$$

加水量=500mL−27.2mL=473mL

答：用量筒量取浓 H_2SO_4 27.2mL，缓缓加入盛有 473mL 水的烧杯中，边加边搅拌混匀。

任务评价

学业评价表					
序　号	项　目		学习任务的完成情况评价		
			自评（30%）	小组评（30%）	教师评（40%）
1	职业素养	遵守实验室管理规定，严格执行操作程序（10 分）			
2		安全操作，按时完成任务（10 分）			
3		学习积极主动、勤学好问（10 分）			
4		与人协作，相互配合好（5 分）			
5		清洁、整理（5 分）			
6	专业能力	能描述质量浓度的定义及表达（10 分）			
7		能用固体试剂配制质量浓度的溶液（20 分）			
8		稀释浓硫酸的操作正确、规范（20 分）			
9		认真填写实验报告，且填写正确（10 分）			
10	分数合计（100 分）				
11	存在的问题及建议				
12	综合评价分数				

任务 5-4　物质的量浓度溶液的配制

任务目标

（1）了解什么是物质的量浓度。

（2）能进行物质的量浓度的计算。

（3）会配制一定物质的量浓度的溶液。

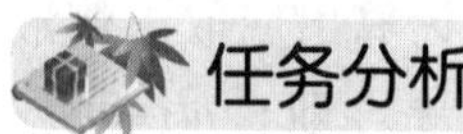

任务分析

在化学实验中，直接量取一定溶液的体积要比称量它的质量要方便。因此，知道一定体积溶液中所含有的物质的量，便可按需取用。物质的量浓度很好地解决了这一矛盾。根据这一情况，把学习任务分为：

（1）运用物质的量浓度进行计算。

（2）进行一定物质的量浓度溶液的配制。

任务实施

一、试剂和仪器的准备

序　号	名　称	规格或要求	数　量
1	Na_2CO_3	分析纯	若干
2	水	蒸馏水或去离子水	若干
3	天平	精确至 0.1g	1 台
4	量筒	100mL	1 个
5	烧杯	50mL、500mL	各 1 个
6	玻璃棒	—	1 根
7	容量瓶	500mL、1 000mL	各 1 个

二、物质的量浓度的计算

1．物质的量浓度

以单位体积的溶液中所含溶质的物质的量来表示的溶液浓度，叫做物质的量浓度，用符号 c 表示，单位为 mol/L，计算公式为

物质的量浓度（mol/L）=溶质的物质的量（mol）/溶液的体积（L）

即

$$c=n/V$$

也就是说若 1L 氯化钠溶液中含有 58.5g 氯化钠，那么溶质的物质的量就是 1mol，该溶液的物质的量浓度就是 1mol/L。我们把单位物质的量的某物质所具有的质量，称为该物质的摩尔质量，用符号 M 表示，常用单位为 g/mol。摩尔质量也可以理解为：1mol 物质所具有的质量。任何元素原子的摩尔质量，如果以 g/mol 为单位，数值上等于该元素原子的相对原子质量。

2．物质的量浓度的计算

（1）已知溶质和溶液的体积，计算溶液的物质的量。

例 5-8：将 20g 氢氧化钠溶液水中，配制成 500mL 的溶液，计算该氢氧化钠溶液的物质的量浓度。

解：20g NaOH 物质的量为：$n=m/M=$20g/40（g/mol）=0.5mol

则：c（NaOH）$=n/V=$0.5mol/0.5L=1mol/L

答：氢氧化钠溶液的物质的量浓度为 1mol/L。

（2）已知溶液的物质的量浓度，求一定体积溶液中所含物质的质量。

例 5-9：若配制 2mol/L 的 NaCl 溶液 500mL，需要称量 NaCl 固体多少克？

解：n（NaCl）$=c$（NaCl）$\times V=$2mol/L×0.5L=1mol

m（NaCl）$=n$（NaCl）$\times M$（NaCl）=1mol×58.5g/mol=58.5g

答：需称量 NaCl 固体 58.5g。

3．溶质的质量分数与物质的量浓度间的换算

例 5-10：计算质量分数为 37%，密度为 1.19g/cm^3 的 HCl 的物质的量浓度。

解：设取 1L 该浓度的 HCl，则

m（HCl）=$1000cm^3 \times 1.19g/cm^3 \times 37\%$

n（HCl）=（$1000cm^3 \times 1.19g/cm^3 \times 37\%$）/$M$（HCl）

c（HCl）=（$1000cm^3 \times 1.19g/cm^3 \times 37\%$）/（$36.5g/mol \times 1L$）= 12.06mol/L

答：该盐酸的物质的量浓度为 12.06mol/L。

4．有关溶液稀释的计算

浓度较高的溶液在稀释前后，溶液体积发生了变化，但是溶液中的溶质遵循质量守恒定律，物质的量不变，即

$$c_1V_1=c_2V_2 \text{ 或 } c_{稀释前}V_{稀释前}=c_{稀释后}V_{稀释后}$$

例 5-11：将 100mL 2mol/L 的硫酸溶液稀释至 0.5mol/L，该溶液的体积为多少毫升？

解：已知 c（硫酸）=2mol/L，$V_{(硫酸)}$=100mL，则 $V_{稀释后}$=2mol/L×100mL/0.5（mol/L）=400mL

答：该稀释硫酸的体积将为 400mL。

三、一定物质的量浓度溶液的配制

1．用已知浓度的浓溶液配制所需的稀溶液

用浓盐酸（质量分数为 37%，密度为 $1.19g/cm^3$）配制 0.1mol/L 盐酸溶液 1L 为例。

（1）计算　由例 5-10 可知此种浓盐酸的 c（HCl）为 12.06mol/L。计算配制 0.1mol/L 盐酸溶液 1L，需要浓盐酸的体积，根据公式可得：

$$12.06mol/L \times V=0.1mol/L \times 1L$$

$$V=8.3mL$$

（2）量取　用量筒量取浓盐酸 100mL，倒入盛有 200mL 蒸馏水的烧杯中，再用少量蒸馏水将量筒洗涤 2～3 次，并将每次洗涤后的液体也倒入烧杯中。

（3）搅拌　用玻璃棒把溶液搅拌均匀，待冷却至室温。

（4）转移　将烧杯中的溶液沿玻璃棒小心引流入 1L 容量瓶中，用少量蒸馏水洗涤烧杯内壁和玻璃棒 3 次，并将每次洗涤后的液体并入容量瓶中（在此之前必须对容量瓶进行试漏）。

（5）定容　继续向容量瓶内加入蒸馏水，至溶液充满容量瓶 2/3 时，拿起容量瓶按水平方向旋转几圈，使溶液初步混合均匀，继续加水至距标线 1cm 处，放置 1～2min，使附着在瓶颈的液滴流下，再用胶头滴管继续滴加蒸馏水至溶液的凹面刚好与刻度线相切见图 5-1。

（6）摇匀　溶液在容量瓶中定容后，用一只手食指按住瓶塞上部，其余四指拿住瓶颈标线上部，将容量瓶反复倒置 10 次（见图 5-2）。

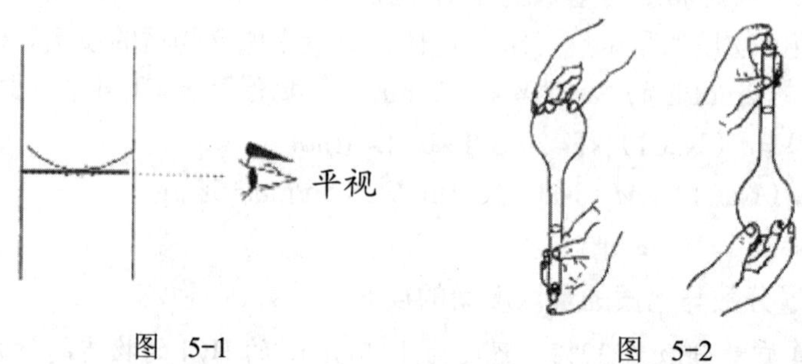

图 5-1　　图 5-2

将配制好的溶液转移入试剂瓶中，贴好标签，静置待用。

2．用固体药品配制溶液

固体药品配制溶液区别于液体主要是固体药品需要进行称量和溶解。现以配制 500mL 0.1mol/L NaOH 溶液为例。

（1）计算　配制 NaOH 溶液所需的 NaOH 固体质量为

n（NaOH）=0.5L×0.1mol/L=0.05mol

m（NaOH）=n（NaOH）×M（NaOH）=0.05mol×40g/mol=2g

（2）称量　用洁净的小烧杯在天平上称取 2gNaOH 固体。

（3）溶解　往称量好的固体中加入适量的蒸馏水，用玻璃棒搅拌，使之溶解。然后按照“用已知浓度的浓溶液配制所需的稀溶液”的方法进行配制。

注意：氢氧化钠溶液要冷却后才能使用，配制好的溶液应尽快转移至试剂瓶中。

任务评价

学业评价表

序　号	项　目		学习任务的完成情况评价		
			自评（30%）	小组评（30%）	教师评（40%）
1	职业素养	遵守实验室管理规定，严格执行操作程序（10 分）			
2		安全操作，按时完成任务（10 分）			
3		学习积极主动、勤学好问（10 分）			
4		与人协作，相互配合好（5 分）			
5		清洁、整理（5 分）			
6	专业能力	能理解物质的量浓度的概念（5 分）			
7		会物质的量浓度的相关计算（15 分）			
8		会配制一定量的物质的量浓度的溶液（20 分）			
9		称量和溶解动作正确、规范，容量瓶使用正确、规范（10 分）			
10		认真填写实验报告，且填写正确（10 分）			
11	分数合计（100 分）				
12	存在的问题及建议				
13	综合评价分数				

任务 6

标准溶液的配制与标定

任务 6-1 氢氧化钠标准溶液的配制与标定

任务目标

（1）明白氢氧化钠标准溶液标定的基本原理。

（2）学会氢氧化钠标准溶液的配制与标定，包括氢氧化钠饱和溶液的配制、转移、碱式滴定管的使用以及终点的判断等。

任务分析

氢氧化钠标准溶液配制与标定原理：由于氢氧化钠具有较强的吸湿性并且能够吸收空气中的 CO_2，形成 Na_2CO_3，因此氢氧化钠标准溶液不能直接配制。由于 Na_2CO_3 几乎不能溶解在饱和 NaOH 溶液中，因此可以通过配制饱和 NaOH 溶液，再吸取上层清液即可得到不含 Na_2CO_3 的 NaOH 溶液，用该饱和溶液稀释到所需浓度即可。

标定氢氧化钠溶液的基准试剂选用邻苯二甲酸氢钾，反应式如下：

$$C_6H_4COOHCOOK + NaOH = C_6H_4COONaCOOK + H_2O$$

滴定的终点呈弱碱性，指示剂选用酚酞，终点颜色呈粉红色。

根据以上原理，把学习任务分为：

（1）氢氧化钠溶液配制。

（2）0.1mol/L 氢氧化钠标准溶液标定。

（3）计算与数据处理。

任务实施

（参考 GB/T 601—2002）

一、任务准备

1. 试剂单

序　号	名　称	规格或要求	配制方法	备　注
1	氢氧化钠固体	分析纯	—	
2	基准试剂：邻苯二甲酸氢钾	分析纯	—	
3	酚酞指示剂	1%	称取 1g 酚酞，用少量无水乙醇溶解后，再用无水乙醇定容至 100mL	
4	无 CO_2 蒸馏水	—	新煮沸，冷却备用	

2．仪器单

序　号	名　称	规格或要求	数　量	备　注
1	碱式滴定管	50mL	1根	
2	电子分析天平	0.1mg	1台	
3	容量瓶	1000mL	1个	
4	三角瓶	250mL	5个	
5	移液管	50mL	1根	
6	塑料吸管	10mL	1根	
7	胶头滴管	—	1根	
8	铁架台	—	1个	
9	烧杯	250mL	1个	
10	烧杯	50mL	若干	
11	玻璃棒	—	1根	
12	聚氯乙烯塑料容器	500mL	2个	
13	称量皿	—	1个	
14	烘箱	—	1台	
15	电子天平	0.01g	1台	

二、氢氧化钠溶液配制

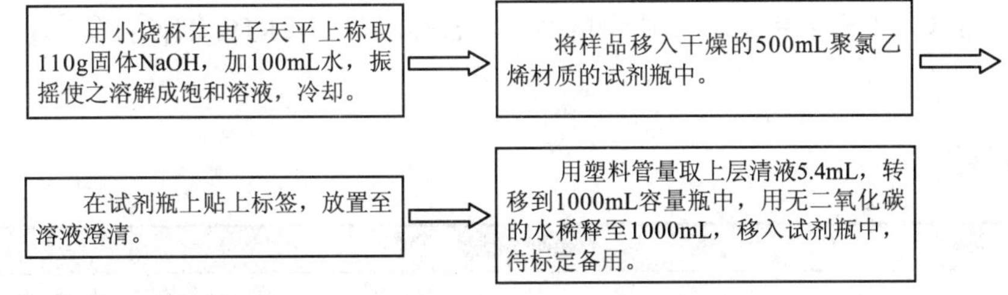

三、0.1mol/L氢氧化钠标准溶液标定

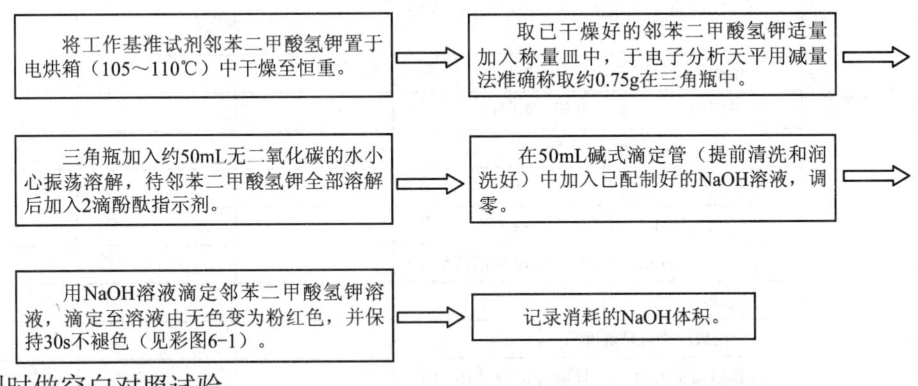

同时做空白对照试验。

四、计算与数据处理

1．数据记录及处理

室温：____________℃，查不同温度下标准滴定溶液的体积的补正值表（附录A）得标准滴定溶液的

体积补正值：____________mL/L。

记录项目	1	2	3	4	空白
称量皿+样品（1）/g					—
称量皿+样品（2）/g					—
样品质量 m/g					—
滴定消耗 NaOH 溶液的体积/mL					
温度校正后滴定消耗 NaOH 溶液的体积 V、V_0/mL					
NaOH 标准溶液的浓度 c/（mol/L）					—
平均值/（mol/L）					
极差与平均值之比（%）					

2. 结果计算

NaOH 标准溶液的浓度 c（NaOH），数值以摩尔每升（mol/L）表示，按下式进行计算：

$$c(\text{NcOH})=\frac{m\times 1000}{(V-V_0)\times M}$$

式中 m——邻苯二甲酸氢钾的质量准确数值（g）；

V——温度校正后滴定消耗氢氧化钠标准滴定溶液的体积（mL）；

V_0——温度校正后空白试验滴定消耗氢氧化钠标准滴定溶液的体积（mL）；

M——邻苯二甲酸氢钾的摩尔质量的数值（g/mol）〔M（$KHC_8H_4C_4$）=204.22〕。

任务评价

学业评价表					
序号	项目		学习任务的完成情况评价		
			自评（30%）	小组评（30%）	教师评（40%）
1	职业素养	遵守实验室管理规定，严格执行操作程序（10 分）			
2		安全操作，按时完成任务（10 分）			
3		学习积极主动、勤学好问（10 分）			
4		与人协作，相互配合好（5 分）			
5		清洁、整理（5 分）			
6	专业能力	能配制 0.1mol/L 氢氧化钠标准溶液（5 分）			
7		能标定 0.1mol/L 氢氧化钠标准溶液（25 分）			
8		数据处理正确（5 分）			
9		实验结果准确且精确度高（15 分）			
10		认真填写实验报告，且填写正确（10 分）			
11	分数合计（100 分）				
12	存在的问题及建议				
13	综合评价分数				

帮　助

（1）当配制其他浓度的氢氧化钠标准溶液时，由饱和氢氧化钠溶液进行稀释，吸取的饱和氢氧化钠溶液体积按照下表规定，用塑料管量取上层清液，用无二氧化碳的水稀释至1000mL。

氢氧化钠标准滴定溶液的浓度 c（NaOH）/（mol/L）	需吸取的饱和氢氧化钠体积 V/mL
1	54
0.5	27
0.1	5.4

（2）当配制其他浓度的氢氧化钠标准溶液时，需要称取的工作基准试剂邻苯二甲酸氢钾按下表执行。

氢氧化钠标准滴定溶液的浓度 c（NaOH）/（mol/L）	需称取的邻苯二甲酸氢钾 m/g
1	7.5
0.5	3.6
0.1	0.75

（3）须两人进行实验，分别各做四平行，每人四平行测定结果极差的相对值不得大于重复性临界极差[$C_rR_{95}(4)$]的相对值0.15%，两人共八平行测定结果极差的相对值不得大于重复性临界极差[$C_rR_{95}(4)$]的相对值0.18%。取两人八平行测定结果的平均值为测定结果。

（4）运算过程中保留五位有效数字，浓度值结果取四位有效数字。

（5）制备标准滴定溶液的浓度值应在规定浓度值的±5%范围以内。

（6）制备标准溶液时的浓度，指20℃时的浓度，在标定、直接制备和使用时，若温度有差异时，应进行补正。

（7）标准滴定溶液在常温（15～25℃）下保存，保存时间不超过2个月。但当贮存期间，溶液出现浑浊、沉淀、颜色变化等现象时，应重新制备。

任务6-2　盐酸标准溶液的配制与标定

任务目标

（1）明白盐酸标准溶液标定的基本原理。

（2）学会盐酸标准溶液的配制与标定，包括盐酸标准溶液的配制、酸式滴定管的使用以及终点的判断等。

任务分析

盐酸标准溶液配制与标定原理：由于浓盐酸具有较强的挥发性，因此盐酸标准溶液不能直接配制。盐酸标准滴定溶液标定的基准试剂选用无水碳酸钠，反应式如下：

$$2HCl+Na_2CO_3 = 2NaCl+H_2O+CO_2\uparrow$$

根据以上原理，把学习任务分为：

（1）盐酸溶液配制。

（2）0.1mol/L 盐酸标准溶液标定。

（3）计算与数据处理。

任务实施

（参考 GB/T 601—2002）

一、任务准备

1. 试剂单

序　号	名　称	规格或要求	配 制 方 法	备　注
1	浓盐酸	分析纯	—	
2	工作基准试剂：无水碳酸钠	分析纯	—	
3	溴甲酚绿-甲基红混合指示剂	—	0.1%溴甲酚绿与0.1%甲基红按 5∶1 的比例混合	

2. 仪器单

序　号	名　称	规格或要求	数　量	备　注
1	酸式滴定管	50mL	1 根	
2	电子分析天平	0.1mg	1 台	
3	容量瓶	1000mL	1 个	
4	三角瓶	250mL	5 个	
5	带刻度吸量管	10mL	1 根	
6	量筒	10mL	1 个	
7	棕色试剂瓶	500mL	2 个	
8	胶头滴管	—	1 根	
9	铁架台	—	1 个	
10	烧杯	50mL	若干	
11	玻璃棒	—	1 根	
12	称量皿	—	1 个	
13	高温炉	—	1 台	

二、盐酸溶液配制

在通风橱中，用量筒量取浓盐酸9mL，转移到1 000mL的容量瓶中，用蒸馏水配成1 000mL的稀盐酸溶液。

⇨

将配好的稀盐酸溶液转移到试剂瓶中。在试剂瓶上贴上标签，待标定备用。

三、0.1mol/L 盐酸标准溶液标定

将工作基准试剂无水碳酸钠置于高温炉中（270～300℃）灼烧至恒重。

⇨

取已灼烧至恒重的碳酸钠适量加入称量皿中，于电子分析天平用减量法准确称取约0.2g在三角瓶中。

⇨

三角锥瓶内加入约50mL蒸馏水，小心振荡溶解，待碳酸钠全部溶解后加入10滴溴甲酚绿-甲基红混合指示剂。

⇨

在50mL酸式滴定管（提前清洗和润洗好）中加入已配制好的HCl溶液，调零。

⇨

用HCl溶液滴定碳酸钠溶液至绿色变为暗红色，加热煮沸2分钟，冷却后继续滴定至溶液呈暗红色即为终点，终点颜色见彩图6-2。

⇨

记录消耗的盐酸溶液的体积。

同时做空白对照试验。

四、计算与数据处理

1. 数据记录及处理

记录项目	1	2	3	4	空白
称量皿+无水碳酸钠（1）/g					—
称量皿+无水碳酸钠（2）/g					—
无水碳酸钠的质量 *m*/g					—
滴定消耗 HCl 溶液的体积/mL					
温度校正后滴定消耗HCl溶液的体积 V、V_0/mL					
HCl 标准溶液的浓度 *c*/（mol/L）					—
平均值/（mol/L）					
极差与平均值之比（%）					

2. 结果计算

盐酸标准溶液的浓度 *c*（HCl），数值以摩尔每升（mol/L）表示，按下式进行计算：

$$c(\mathrm{HCl})=\frac{m\times 1000}{(V-V_0)\times M}$$

式中 m——无水碳酸钠的质量（g）；

V——温度校正后滴定消耗盐酸标准滴定溶液的体积（mL）；

V_0——温度校正后空白试验滴定消耗盐酸标准滴定溶液的体积（mL）；

M——无水碳酸钠的摩尔质量的数值（g/mol）[M（$1/2Na_2CO_3$）=52.994]。

任务评价

学业评价表

序号	项目		学习任务的完成情况评价		
			自评（30%）	小组评（30%）	教师评（40%）
1	职业素养	遵守实验室管理规定，严格执行操作程序（10 分）			
2		安全操作，按时完成任务（10 分）			
3		学习积极主动、勤学好问（10 分）			
4		与人协作，相互配合好（5 分）			
5		清洁、整理（5 分）			
6	专业能力	能配制 0.1mol/L 盐酸标准溶液（5 分）			
7		能标定 0.1mol/L 盐酸标准溶液（25 分）			
8		数据处理正确（5 分）			
9		实验结果准确且精确度高（15 分）			
10		认真填写实验报告，且填写正确（10 分）			
11	分数合计（100 分）				
12	存在的问题及建议				
13	综合评价分数				

帮　助

（1）当配制其他浓度的盐酸标准溶液时，由浓盐酸溶液进行稀释，量筒量取的浓盐酸溶液体积按照下表规定，用蒸馏水稀释至 1000mL。

盐酸标准滴定溶液的浓度 c（HCl）/（mol/L）	需吸取的浓盐酸体积 V/mL
1	90
0.5	45
0.1	9

（2）当配其他浓度的盐酸标准溶液时，需要称取的工作基准试剂无水碳酸钠按下表执行。

盐酸标准滴定溶液的浓度 c（HCl）/（mol/L）	需称取的无水碳酸钠的质量 m/g
1	1.9
0.5	0.95
0.1	0.2

（3）须两人进行实验，分别各做四次平行实验，每人四平行测定结果极差的相对值不得大于重复性临界极差[$C_rR_{95}(4)$]的相对值 0.15%，两人共八平行测定结果极差的相对值不得大于重复性临界极差[$C_rR_{95}(4)$]的相对值 0.18%。取两人八平行测定结果的平均值为测定结果。

（4）运算过程中保留五位有效数字，浓度值结果取四位有效数字。

（5）制备标准滴定溶液的浓度值应在规定浓度值的±5%范围以内。

（6）制备标准溶液时的浓度，指 20℃时的浓度，在标定、直接制备和使用时，若温度有差异时，应进行补正。

（7）标准滴定溶液在常温（15～25℃）下保存，保存时间不超过 2 个月。但贮存期间，溶液出现浑浊、沉淀、颜色变化等现象时，应重新制备。

任务 6-3　硫代硫酸钠标准溶液的配制与标定

任务目标

（1）明白硫代硫酸钠标准溶液标定的基本原理。

（2）学会硫代硫酸钠标准溶液的配制与标定，包括硫代硫酸钠标准溶液的配制、酸式滴定管的使用以及终点的判断等。

任务分析

硫代硫酸钠（$Na_2S_2O_3 \cdot 5H_2O$）一般都含有少量杂质，如 S、Na_2SO_3、Na_2SO_4、Na_2CO_3 及 NaCl 等，同时还容易风化和潮解，因此不能直接配制标准浓度的溶液。

硫代硫酸钠溶液易受空气及水中 CO_2、微生物等的作用而分解，为了减少水中的 CO_2 和杀死水中的微生物，应用新煮沸后冷却的蒸馏水配制溶液并加入少量 Na_2CO_3（浓度为 0.02%），以防止硫代硫酸钠分解。

日光能促进硫代硫酸钠溶液分解，所以硫代硫酸钠溶液应贮存在棕色瓶中，放置暗处，经7～14d再标定。长期使用的溶液，应定期标定。

通常用$K_2Cr_2O_7$作基准物进行标定硫代硫酸钠溶液的浓度。$K_2Cr_2O_7$先与KI反应析出I_2：

$$Cr_2O_7^{2-}+6I^-+14H^+ = 2Cr^{3+}+3I_2\downarrow+7H_2O$$

析出的I_2再用硫代硫酸钠标准溶液滴定：

$$I_2+2S_2O_3^{2-} = 2I^-+S_4O_6^{2-}$$

根据以上原理，把学习任务分为：

（1）硫代硫酸钠溶液的配制。

（2）0.1mol/L硫代硫酸钠标准溶液的标定。

（3）计算与数据处理。

任务实施

（参考GB/T 601—2002）

一、任务准备

1. 试剂单

序号	名称	规格或要求	配制方法	备注
1	硫代硫酸钠（$Na_2S_2O_3\cdot5H_2O$）	分析纯	—	
2	工作基准试剂：重铬酸钾（$K_2Cr_2O_7$）	分析纯	—	
3	无水碳酸钠（Na_2CO_3）	分析纯	—	
4	碘化钾（KI）	—	—	
5	20%硫酸溶液	—	按浓硫酸:水＝2:8的比例配制	
6	淀粉指示剂	10g/L	称取1.0g可溶性淀粉，加入少量蒸馏水搅匀，然后边搅拌边加入60mL热水，再将此溶液煮沸3min，静置冷却，再加入20g NaCl，溶解后再用蒸馏水定容至100mL。	

2. 仪器单

序号	名称	规格或要求	数量	备注
1	酸式滴定管	50mL	1根	
2	电子分析天平	0.1mg	1台	
3	大烧杯	1000mL	1个	
4	碘量瓶	250mL	5个	
5	量筒	10mL	1个	
6	棕色试剂瓶	500mL	2个	
7	胶头滴管	—	1根	
8	铁架台	—	1个	
9	烧杯	50mL	若干	
10	玻璃棒	—	1根	
11	称量皿	—	1个	
12	烘箱	—	1台	
13	电子天平	0.01g	1台	
14	万用电炉	1000W	1台	

二、硫代硫酸钠溶液的配制

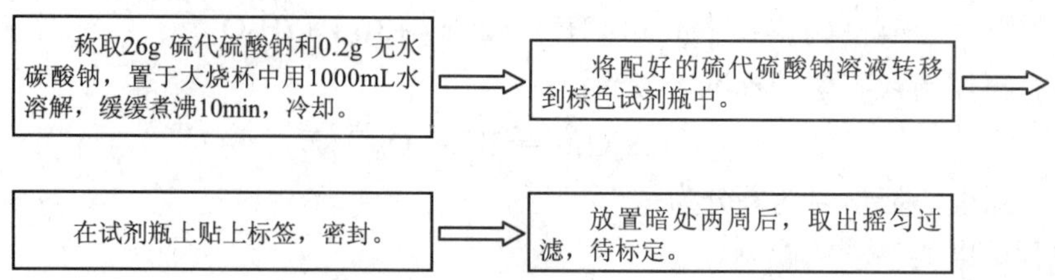

三、0.1mol/L 硫代硫酸钠标准溶液的标定

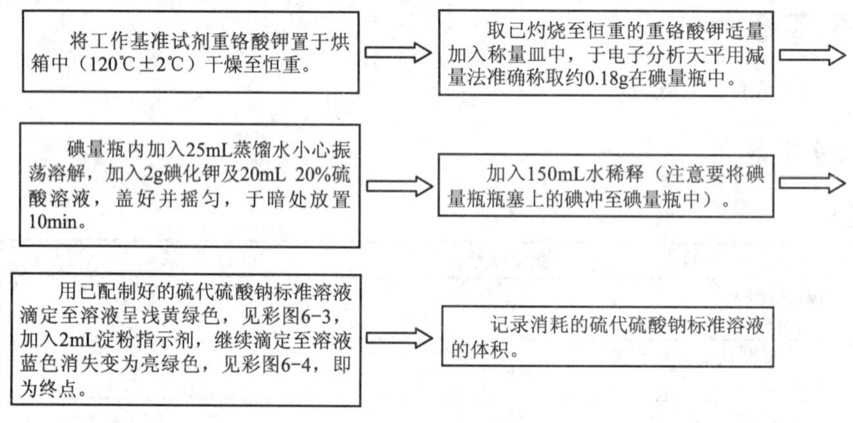

同时做空白对照试验。

四、计算与数据处理

1．数据记录及处理

记录项目	1	2	3	4	空白
称量皿+重铬酸钾（1）/g					—
称量皿+重铬酸钾（2）/g					—
重铬酸钾的质量 m/g					—
滴定消耗的硫代硫酸钠标准溶液的体积/mL					
温度校正后滴定消耗的硫代硫酸钠标准溶液的体积 V、V_0/mL					
硫代硫酸钠标准溶液的浓度 c/（mol/L）					—
平均值/（mol/L）					
极差与平均值之比（%）					

2．结果计算

硫代硫酸钠标准溶液的浓度$c(Na_2S_2O_3)$，数值以摩尔每升（mol/L）表示，按下式进行计算：

$$c(Na_2S_2O_3)=\frac{m}{(V-V_0)\times 0.049\,031}$$

式中　m—— 重铬酸钾的质量（g）；

V——温度校正后滴定消耗的硫代硫酸钠标准溶液的体积（mL）；

V_0——温度校正后空白试验中滴定消耗的硫代硫酸钠标准溶液的体积（mL）；

0.049 031——与 1.00mol/L 硫代硫酸钠标准溶液相当的重铬酸钾的质量。

任务评价

学业评价表					
序　号	项　目		学习任务的完成情况评价		
			自评（30%）	小组评（30%）	教师评（40%）
1	职业素养	遵守实验室管理规定，严格执行操作程序（10 分）			
2		安全操作，按时完成任务（10 分）			
3		学习积极主动、勤学好问（10 分）			
4		与人协作，相互配合好（5 分）			
5		清洁、整理（5 分）			
6	专业能力	能配制 0.1mol/L 硫代硫酸钠标准溶液（5 分）			
7		能标定 0.1mol/L 硫代硫酸钠标准溶液（25 分）			
8		数据处理正确（5 分）			
9		实验结果准确且精确度高（15 分）			
10		认真填写实验报告，且填写正确（10 分）			
11	分数合计（100 分）				
12	存在的问题及建议				
13	综合评价分数				

帮　助

（1）在滴定时要注意，淀粉指示剂必须接近滴定终点时才能添加，否则对结果偏差影响较大。

（2）进行空白滴定时，由于没有加入工作基准试剂重铬酸钾，终点判断的现象是浅蓝色刚好褪去。

（3）须两人进行实验，分别各做四平行，每人四平行测定结果极差的相对值不得大于重复性临界极差[$C_rR_{95}(4)$]的相对值 0.15%，两人共八平行测定结果极差的相对值不得大于重复性临界极差[$C_rR_{95}(4)$]的相对值 0.18%。取两人八平行测定结果的平均值为测定结果。

（4）运算过程中保留五位有效数字，浓度值结果取四位有效数字。

（5）制备标准滴定溶液的浓度值应在规定浓度值的 ±5%范围以内。

（6）制备标准溶液时的浓度，指 20℃时的浓度，在标定、直接制备和使用时，若温度有差异时，应进行补正。

（7）标准滴定溶液在常温（15～25℃）下保存，保存时间不超过 2 个月。但在贮存期间，溶液出现浑浊、沉淀、颜色变化等现象时，应重新制备。

>>> 任务 6-4 碘标准溶液的配制与标定

任务目标

（1）明白碘标准溶液标定的基本原理。

（2）学会碘标准溶液的配制与标定，包括碘标准溶液的配制、酸式滴定管的使用以及终点的判断等。

任务分析

由于 I_2 还原性较强，极易被空气中的 O_2 氧化，因此其标准溶液不能直接配制。

利用 I_2 与 $Na_2S_2O_3$ 反应，以淀粉作指示剂，当 I_2 消耗完时，溶液由蓝色变无色，以此可以判断反应的终点。其反应原理的化学反应方程式如下：

$$2Na_2S_2O_3+I_2 = 2NaI+Na_2S_4O_6$$

根据以上原理，把学习任务分为：

（1）碘标准溶液的配制。

（2）c（$1/2I_2$）=0.1mol/L 碘标准溶液的标定。

（3）计算与数据处理。

任务实施

（参考 GB/T 601—2002）

一、任务准备

1. 试剂单

序 号	名 称	规格或要求	配 制 方 法	备 注
1	碘（I_2）	分析纯	—	
2	碘化钾（KI）	分析纯	—	
3	硫代硫酸钠标准溶液	0.1mol/L	参照硫代硫酸钠标准滴定溶液配制	
4	淀粉指示剂	10g/L	称取 1.0g 可溶性淀粉，加入少量蒸馏水搅匀，然后边搅拌边加入 60mL 热水，再将此溶液煮沸 3min，静置冷却，再加入 20g NaCl，溶解后再用蒸馏水定容至 100mL	

2. 仪器单

序 号	名 称	规格或要求	数 量	备 注
1	酸式滴定管	50mL	1 根	
2	容量瓶	1000mL	1 个	
3	碘量瓶	250mL	5 个	
4	量筒	10mL	1 个	

（续）

序号	名称	规格或要求	数量	备注
5	棕色试剂瓶	500mL	2个	
6	胶头滴管	—	1根	
7	铁架台	—	1个	
8	烧杯	50mL	若干	
9	玻璃棒	—	1根	
10	电子天平	精确至0.1mg	1台	
11	带刻度吸量管	1mL	1根	
12	移液管	10 mL、25mL	各1根	

二、碘标准溶液的配制

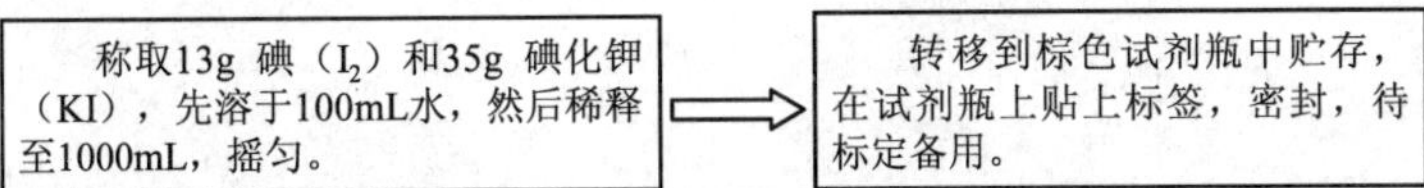

三、0.1mol/L碘标准溶液的标定

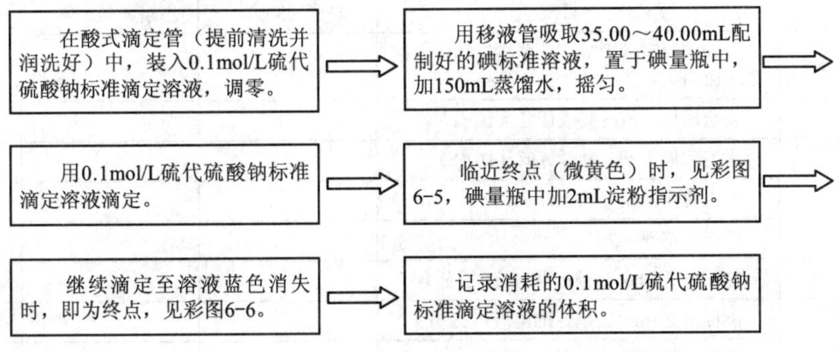

同时做空白对照。

四、计算与数据处理

1．数据记录及处理

硫代硫酸钠标准溶液的浓度 c_1：________________mol/L。

记录项目	1	2	3	4
滴定消耗硫代硫酸钠标准溶液的体积/mL				
温度校正后滴定消耗硫代硫酸钠标准溶液的体积 V_1/mL				
滴定吸取碘标准溶液的体积/mL				
温度校正后滴定吸取碘标准溶液的体积 V_3/mL				
空白试验吸取碘标准溶液的体积 V_4/mL				
空白试验滴定消耗硫代硫酸钠标准溶液的体积 V_2/mL				
碘标准溶液的浓度 c/（mol/L）				
平均值/（mol/L）				
极差与平均值之比（%）				

2. 结果计算

碘标准溶液的浓度 $c(1/2I_2)$，数值以摩尔每升（mol/L）表示，按下式进行计算：

$$c(1/2I_2)=\frac{(V_1-V_2)\times c_1}{(V_3-V_4)}$$

式中 V_1——温度校正后滴定消耗硫代硫酸钠标准溶液的体积（mL）；
V_2——空白试验滴定消耗硫代硫酸钠标准溶液的体积（mL）；
c_1——硫代硫酸钠标准溶液的浓度（mol/L）；
V_3——温度校正后滴定吸取碘标准溶液的体积（mL）；
V_4——空白试验吸取碘标准溶液的体积（mL）。

任务评价

学业评价表

序号	项目		学习任务的完成情况评价		
			自评（30%）	小组评（30%）	教师评（40%）
1	职业素养	遵守实验室管理规定，严格执行操作程序（10分）			
2		安全操作，按时完成任务（10分）			
3		学习积极主动、勤学好问（10分）			
4		与人协作，相互配合好（5分）			
5		清洁、整理（5分）			
6	专业能力	能配制 0.1mol/L 碘标准溶液（5分）			
7		能标定 0.1mol/L 碘标准溶液（25分）			
8		数据处理正确（5分）			
9		实验结果准确且精确度高（15分）			
10		认真填写实验报告，且填写正确（10分）			
11	分数合计（100分）				
12	存在的问题及建议				
13	综合评价分数				

帮　助

（1）在滴定时要注意，淀粉指示剂必须接近滴定终点时才能添加，否则对结果偏差影响较大。

（2）须两人进行实验，分别各做四平行，每人四平行测定结果极差的相对值不得大于重复性临界极差$[C_rR_{95}(4)]$的相对值 0.15%，两人共八平行测定结果极差的相对值不得大于重复性临界极差$[C_rR_{95}(4)]$的相对值 0.18%。取两人八平行测定结果的平均值为测定结果。

（3）运算过程中保留五位有效数字，浓度值结果取四位有效数字。

（4）制备标准滴定溶液的浓度值应在规定浓度值的±5%范围以内。

（5）制备标准溶液时的浓度，指 20℃时的浓度，在标定、直接制备和使用时，若温度有差异时，应进行补正。

（6）碘标准滴定溶液在常温（15～25℃）下保存，保存时间不超过 1 个月。但在贮存期间，溶液出现浑浊、沉淀、颜色变化等现象时，应重新制备。

（7）碘标准溶液的标定除上述方法外，还可用工作基准试剂三氧化二砷作基准物标定碘标准溶液，方法简介如下：

称取 0.18g 预先在硫酸干燥器中干燥至恒重的工作基准试剂三氧化二砷，置于碘量瓶中，加 6mL 1mol/L 氢氧化钠标准滴定溶液溶解，加 50mL 水，加 2 滴酚酞指示液（10g/L），用 1mol/L 硫酸标准滴定溶液滴定至溶液无色，加 3g 碳酸氢钠及 2mL 淀粉指示液（10g/L），用配制好的碘溶液滴定至溶液呈浅蓝色。同时做空白试验。

碘标准溶液的浓度 $c(1/2I_2)$，数值以摩尔每升（mol/L）表示，按下式进行计算：

$$c(1/2I_2)=\frac{m\times1000}{(V_1-V_2)\times M}$$

式中　m——三氧化二砷的质量（g）；

V_1——消耗碘标准溶液的体积（mL）；

V_2——空白试验中碘溶液的体积（mL）；

M——三氧化二砷的摩尔质量（g/mol）（M（$1/4As_2O_3$）=49.460）。

任务 6-5　EDTA 标准溶液的配制与标定

任务目标

（1）明白 EDTA 标准溶液的标定的基本原理。

（2）学会 EDTA 标准溶液的配制与标定，包括 EDTA 标准溶液的配制、酸式滴定管的使用以及终点的判断等。

任务分析

EDTA 标准溶液配制与标定原理：EDTA 是乙二胺四乙酸的简称，是一种多元酸，是化学中一种良好的配合剂。由于它在水中的溶解度很小，配制溶液时，一般用乙二胺四乙酸的钠盐代替 EDTA。EDTA 能与大多数金属离子形成稳定的 1:1，常用作配位滴定的标准溶液。

EDTA 标准滴定溶液一般不用直接法配制，而是先配制成大致浓度的溶液，然后标定。

用氧化锌作基准物质标定 EDTA 溶液浓度时，以铬黑 T 作指示剂，用 pH≈10 的氨-氯化铵缓冲溶液控制滴定时的酸碱度，滴定到溶液由紫色变为纯蓝色，即为终点。

根据以上原理，把学习任务分为：

（1）EDTA 溶液配制。

（2）0.1mol/L EDTA 标准溶液标定。

（3）计算与数据处理。

（参考 GB/T 601—2002）

一、任务准备

1．试剂单

序　号	名　称	规格或要求	配制方法	备　注
1	EDTA	分析纯	—	
2	工作基准试剂：氧化锌	分析纯	—	
3	铬黑 T 指示液	5g/L	称取 0.5g 铬黑 T，溶于 100mL 三乙醇胺。	
4	20%盐酸溶液	—	浓盐酸:水=2:8	
5	10%氨水	—	浓氨水:水=1:9	
6	氨-氯化铵缓冲溶液	pH≈10	称取 5.4g 氯化铵，加适量水溶解后，加入 35mL 氨水，再加水稀释至 100mL	

2．仪器单

序　号	名　称	规格或要求	数　量	备　注
1	酸式滴定管	50mL	1 根	
2	电子分析天平	0.1mg	1 台	
3	烧杯	1 000mL	1 个	
4	三角瓶	250mL	5 个	
5	量筒	10mL、500mL	各 1 个	
6	试剂瓶	500mL	2 个	
7	胶头滴管	—	1 根	
8	铁架台	—	1 个	
9	烧杯	50mL	若干	
10	玻璃棒	—	1 根	
11	称量皿	—	1 个	
12	高温炉	—	1 台	
13	万用电炉	1000W	1 台	

二、EDTA 溶液的配制

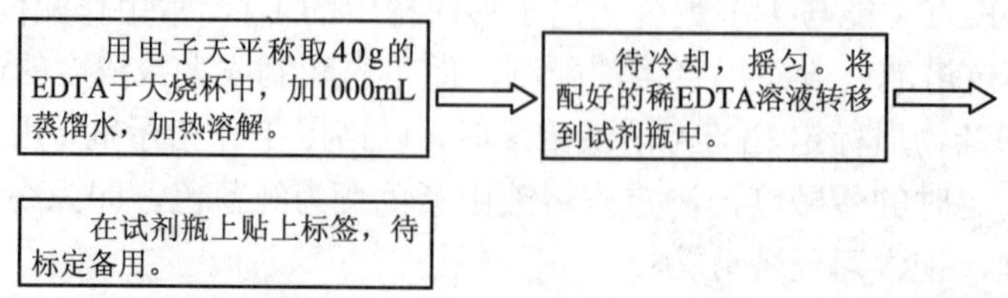

三、0.1mol/L EDTA 标准溶液标定

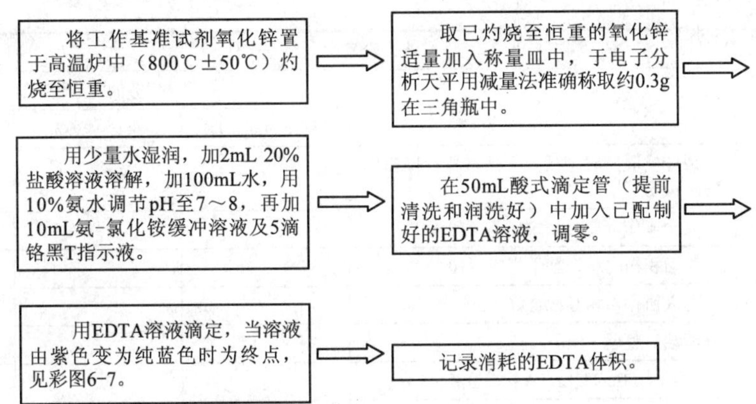

同时做空白对照试验。

四、计算与数据处理

1. 数据记录及处理

记录项目	1	2	3	4	空白
称量皿+氧化锌（1）/g					—
称量皿+氧化锌（2）/g					—
氧化锌的质量 m/g					—
滴定消耗 EDTA 标准溶液的体积/mL					
温度校正后滴定消耗 EDTA 标准溶液的体积 V、V_0/mL					
EDTA 标准溶液的浓度 c/（mol/L）					—
平均值/（mol/L）					
极差与平均值之比（%）					

2. 结果计算

EDTA 标准溶液的浓度 c（EDTA），数值以摩尔每升（mol/L）表示，按下式进行计算：

$$c(\text{EDTA})=\frac{m\times 1\,000}{(V-V_0)\times M}$$

式中　m——氧化锌的质量（g）；

V——温度校正后滴定消耗 EDTA 标准溶液的体积（mL）；

V_0——温度校正后空白试验滴定消耗 EDTA 标准溶液的体积（mL）；

M——氧化锌的摩尔质量（g/mol）[M（ZnO）=81.39]。

任务评价

学业评价表

序号	项目		学习任务的完成情况评价		
			自评（30%）	小组评（30%）	教师评（40%）
1	职业素养	遵守实验室管理规定，严格执行操作程序（10分）			
2		安全操作，按时完成任务（10分）			
3		学习积极主动、勤学好问（10分）			
4		与人协作，相互配合好（5分）			
5		清洁、整理（5分）			
6	专业能力	能配制0.1mol/L EDTA标准溶液（5分）			
7		能标定0.1mol/L EDTA标准溶液（25分）			
8		数据处理正确（5分）			
9		实验结果准确且精确度高（15分）			
10		认真填写实验报告，且填写正确（10分）			
11	分数合计（100分）				
12	存在的问题及建议				
13	综合评价分数				

帮　助

（1）当配制其他浓度的EDTA标准溶液时，需称取EDTA的质量按照下表规定，用蒸馏水稀释至1000mL，加热溶解，冷却，摇匀。

EDTA标准滴定溶液的浓度 c（EDTA）/（mol/L）	需称取EDTA的质量 m/g
0.1	40
0.05	20
0.02	8

（2）当配浓度为0.05mol/L的EDTA标准溶液时，需要称取的工作基准试剂氧化锌质量为0.15g，标定的方法与浓度为0.1mol/L的EDTA相同。

（3）须两人进行实验，分别各做四平行，每人四平行测定结果极差的相对值不得大于重复性临界极差[$C_rR_{95}(4)$]的相对值0.15%，两人共八平行测定结果极差的相对值不得大于重复性临界极差[$C_rR_{95}(4)$]的相对值0.18%。取两人八平行测定结果的平均值为测定结果。

（4）运算过程中保留五位有效数字，浓度值结果取四位有效数字。

（5）制备标准滴定溶液的浓度值应在规定浓度值的±5%范围以内。

（6）制备标准溶液时的浓度，指20℃时的浓度，在标定、直接制备和使用时，若温度有差异时，应进行补正。

（7）标准滴定溶液在常温（15～25℃）下保存，保存时间不超过2个月。但当贮存期间，溶液出现浑浊、沉淀、颜色变化等现象时，应重新制备。

（8）EDTA 标准滴定溶液除以上介绍的常见浓度外，还经常用到 0.02mol/L EDTA 标准滴定溶液。下面简单介绍 0.02mol/L EDTA 标准滴定溶液的标定：

称取 0.42g 已灼烧至恒重的工作基准试剂氧化锌，用少量水湿润，加 3mL20%盐酸溶液溶解，移入 250mL 容量瓶中，稀释至刻度，摇匀。取 35.00～40.00mL 溶液，加 70mL 水，用 10%氨水调节溶液 pH 至 7～8，加 10mL 氨-氯化铵缓冲溶液及 5 滴铬黑 T 指示液，用配制好的 EDTA 溶液滴定至溶液由紫色变为纯蓝色，即为终点。同时做空白试验。

计算公式为

$$c(\text{EDTA})=\frac{m\times\dfrac{V_1}{250}\times 1000}{(V_2-V_3)\ M}$$

式中　m——氧化锌的质量（g）；

V_1——吸取氧化锌溶液的体积（mL）；

V_2——滴定消耗 EDTA 标准滴定溶液的体积（mL）；

V_3——空白试验中滴定消耗 EDTA 标准滴定溶液的体积（mL）；

M——氧化锌的摩尔质量（g/mol）[M（ZnO）=81.39]。

任务 6-6　高锰酸钾标准溶液的配制与标定

任务目标

（1）明白高锰酸钾标准溶液标定的基本原理。

（2）学会高锰酸钾标准溶液的配制与标定，包括高锰酸钾标准溶液的配制、酸式滴定管的使用以及终点的判断等。

任务分析

由于 $KMnO_4$ 具有强氧化性，其化学性质不稳定，其中往往都含有少量 MnO_2 和其他杂质。因此，不能用直接法配制准确浓度的高锰酸钾标准溶液，必须配制后再标定。

标定 $KMnO_4$ 的基准物质以草酸钠（$Na_2C_2O_4$）最常用，$Na_2C_2O_4$ 不含结晶水，不易吸湿，性质稳定。用 $Na_2C_2O_4$ 标定 $KMnO_4$ 的反应式为

$$2MnO_4^-+5C_2O_4^{2-}+16H^+=\!=\!=2Mn^{2+}+10CO_2\uparrow+8H_2O$$

滴定时利用 MnO_4^- 本身的紫红色指示终点，终点时溶液呈粉红色。

根据以上原理，把学习任务分为：

（1）高锰酸钾标准溶液的配制。

（2）$c(1/5KMnO_4)$=0.1mol/L 的高锰酸钾标准溶液的标定。

（3）计算与数据处理。

（参考 GB/T 601—2002）

一、任务准备

1．试剂单

序　　号	名　　称	规格或要求	配 制 方 法	备　　注
1	高锰酸钾（$KMnO_4$）	分析纯	—	
2	工作基准试剂：草酸钠（$Na_2C_2O_4$）	分析纯	—	
3	硫酸溶液	3mol/L	8 体积溶液硫酸+92 体积水	

2．仪器单

序　　号	名　　称	规格或要求	数　　量	备　　注
1	酸式滴定管	50mL	1 根	
2	电子分析天平	0.1mg	1 台	
3	玻璃滤埚	4 号	1 个	
4	三角瓶	250mL	5 个	
5	量筒	100mL、500mL	各 1 个	
6	棕色试剂瓶	500mL	2 个	
7	胶头滴管	—	1 根	
8	铁架台	—	1 个	
9	烧杯	50mL	若干	
10	大烧杯	1000mL	1 个	
11	玻璃棒	—	1 根	
12	称量皿	—	1 个	
13	电烘箱	—	1 台	
14	电子天平	0.01g	1 台	
15	万用电炉	1000W	1 台	

二、高锰酸钾溶液的配制

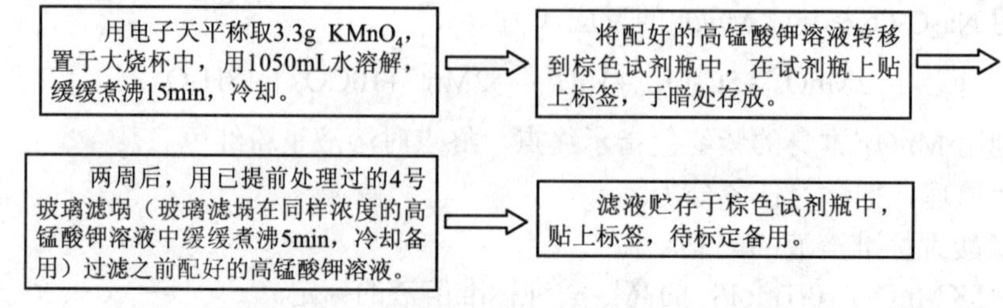

三、0.1mol/L 高锰酸钾标准溶液的标定

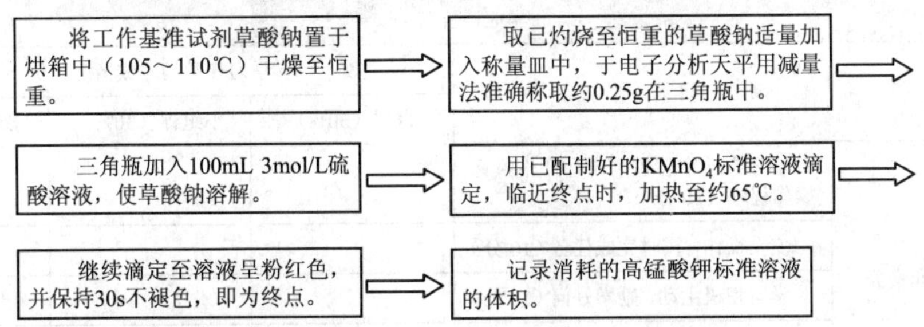

同时做空白对照试验。

四、计算与数据处理

1．数据记录及处理

记录项目	1	2	3	4	空白
称量皿+草酸钠（1）/g					—
称量皿+草酸钠（2）/g					—
草酸钠的质量 *m*/g					—
滴定消耗 $KMnO_4$ 标准溶液的体积/mL					
温度校正后滴定消耗 $KMnO_4$ 标准溶液的体积 V、V_0/mL					
$KMnO_4$ 标准溶液的浓度 c/（mol/L）					—
平均值/（mol/L）					
极差与平均值之比（%）					

2．结果计算

高锰酸钾标准溶液的浓度 $c(1/5KMnO_4)$，数值以摩尔每升（mol/L）表示，按下式进行计算：

$$c(1/5KMnO_4)=\frac{m\times 1000}{(V-V_0)\times M}$$

式中　m——草酸钠的质量（g）；

V——温度校正后滴定消耗 $KMnO_4$ 标准溶液的体积（mL）；

V_0——温度校正后空白试验滴定消耗 $KMnO_4$ 标准溶液的体积（mL）；

M——草酸钠的摩尔质量（g/mol）[M（$1/2Na_2C_2O_4$）=66.999]。

任务评价

学业评价表					
序　号	项　目		学习任务的完成情况评价		
			自评（30%）	小组评（30%）	教师评（40%）
1	职业素养	遵守实验室管理规定，严格执行操作程序（10 分）			
2		安全操作，按时完成任务（10 分）			
3		学习积极主动、勤学好问（10 分）			
4		与人协作，相互配合好（5 分）			
5		清洁、整理（5 分）			
6	专业能力	能配制 0.1mol/L 高锰酸钾标准溶液（5 分）			
7		能标定 0.1mol/L 高锰酸钾标准溶液（25 分）			
8		数据处理正确（5 分）			
9		实验结果准确且精确度高（15 分）			
10		认真填写实验报告，且填写正确（10 分）			
11	分数合计（100 分）				
12	存在的问题及建议				
13	综合评价分数				

帮　助

（1）由于 $KMnO_4$ 的颜色较深，对滴定管进行读数时，应从液面最高边上读数。

（2）滴定过程，滴定速度切忌过快，过快时易造成 $KMnO_4$ 局部过浓而分解，从而造成较大误差。

（3）临近终点前的加热控制要得当，温度不宜过高，因为当温度超过 85℃时，草酸易分解，也会造成较大误差。

（4）须两人进行实验，分别各做四平行，每人四平行测定结果极差的相对值不得大于重复性临界极差[$C_rR_{95}(4)$]的相对值 0.15%，两人共八平行测定结果极差的相对值不得大于重复性临界极差[$C_rR_{95}(4)$]的相对值 0.18%。取两人八平行测定结果的平均值为测定结果。

（5）运算过程中保留五位有效数字，浓度值结果取四位有效数字。

（6）制备标准滴定溶液的浓度值应在规定浓度值的±5%范围以内。

（7）制备标准溶液时的浓度，指 20℃时的浓度，在标定、直接制备和使用时，若温度有差异时，应进行补正。

（8）标准滴定溶液在常温（15～25℃）下保存，保存时间不超过2个月。但在贮存期间，溶液出现浑浊、沉淀、颜色变化等现象时，应重新制备。

任务6-7　硝酸银标准溶液的配制与标定

任务目标

（1）明白硝酸银标准溶液标定的基本原理。

（2）学会硝酸银标准溶液的配制与标定，包括硝酸银标准溶液的配制、酸式滴定管的使用以及终点的判断等。

任务分析

一般的非基准试剂$AgNO_3$中常含有杂质，如金属银、氧化银、游离硝酸、亚硝酸盐等，因此用间接法配制。先配成近似浓度的溶液后，用基准物质NaCl标定。

以NaCl作为基准物质，NaCl溶解后，在中性或弱碱性溶液中，用$AgNO_3$溶液滴定，以K_2CrO_4作为指示剂，其反应如下：

$$Ag^{+}+Cl^{-}=\!=\!=AgCl\downarrow$$

达到化学等当点时，微过量的Ag^+与CrO_4^{2-}反应析出砖红色Ag_2CrO_4沉淀，指示滴定终点。

根据以上原理，把学习任务分为：

（1）硝酸银溶液的配制。

（2）0.1mol/L硝酸银标准溶液的标定。

（3）计算与数据处理。

任务实施

一、任务准备

1．试剂单

序　号	名　称	规格或要求	配制方法	备　注
1	硝酸银（$AgNO_3$）	分析纯	—	
2	工作基准试剂：氯化钠（NaCl）	分析纯	—	
3	K_2CrO_4指示液	5%	称取5g K_2CrO_4溶于少量水中，滴加$AgNO_3$溶液至红色不褪，混匀。放置过夜后过滤，将滤液稀释至100mL。	

2．仪器单

序号	名称	规格或要求	数量	备注
1	酸式滴定管	50mL	1根	
2	电子分析天平	0.1mg	1台	
3	三角瓶	250mL	5个	
4	量筒	10mL、50mL	各1个	
5	棕色试剂瓶	500mL	2个	
6	胶头滴管	—	1根	
7	铁架台	—	1个	
8	烧杯	50mL	若干	
9	玻璃棒	—	1根	
10	称量皿	—	1个	
11	高温炉	—	1台	
12	电子天平	0.01g	1台	
13	万用电炉	1000W	1台	

二、硝酸银标准溶液配制

三、0.1mol/L硝酸银标准溶液标定

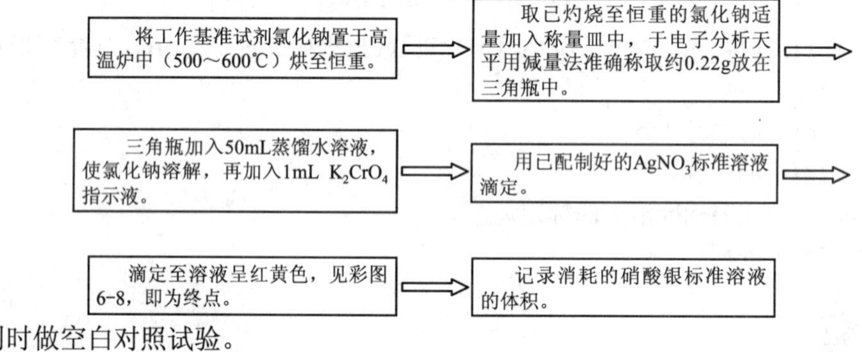

同时做空白对照试验。

四、计算与数据处理

1．数据记录及处理

记录项目	1	2	3	4	空白
称量皿+氯化钠（1）/g					—
称量皿+氯化钠（2）/g					—
氯化钠的质量 m/g					—
滴定消耗的 $AgNO_3$ 标准溶液的体积/mL					
温度校正后滴定消耗的 $AgNO_3$ 标准溶液的体积 V、V_0/mL					
$AgNO_3$ 标准溶液的浓度 c/（mol/L）					—
平均值/（mol/L）					
极差与平均值之比（%）					

2. 结果计算

硝酸银标准溶液的浓度 $c(AgNO_3)$，数值以摩尔每升（mol/L）表示，按下式进行计算：

$$c(AgNO_3)=\frac{m\times 1\,000}{(V-V_0)\times M}$$

式中　m—— 氯化钠的质量（g）；

V——温度校正后滴定消耗的 $AgNO_3$ 标准溶液的体积（mL）；

V_0——温度校正后空白试验滴定消耗的 $AgNO_3$ 标准溶液的体积（mL）；

M——氯化钠的摩尔质量（g/mol）[M（NaCl）=58.442]。

任务评价

学业评价表

序　号	项　目		学习任务的完成情况评价		
			自评（30%）	小组评（30%）	教师评（40%）
1	职业素养	遵守实验室管理规定，严格执行操作程序（10 分）			
2		安全操作，按时完成任务（10 分）			
3		学习积极主动、勤学好问（10 分）			
4		与人协作，相互配合好（5 分）			
5		清洁、整理（5 分）			
6	专业能力	能配制 0.1mol/L 硝酸银标准溶液（5 分）			
7		能标定 0.1mol/L 硝酸银标准溶液（25 分）			
8		数据处理正确（5 分）			
9		实验结果准确且精确度高（15 分）			
10		认真填写实验报告，且填写正确（10 分）			
11	分数合计（100 分）				
12	存在的问题及建议				
13	综合评价分数				

帮　助

（1）须两人进行实验，分别各做四平行，每人四平行测定结果极差的相对值不得大于重复性临界极差[$C_rR_{95}(4)$]的相对值 0.15%，两人共八平行测定结果极差的相对值不得大于重复性临界极差[$C_rR_{95}(4)$]的相对值 0.18%。取两人八平行测定结果的平均值为测定结果。

（2）运算过程中保留五位有效数字，浓度值结果取四位有效数字。

（3）制备标准滴定溶液的浓度值应在规定浓度值的±5%范围以内。

（4）制备标准溶液时的浓度，指 20℃时的浓度，在标定、直接制备和使用时，若温度有差异时，应进行补正。

（5）标准滴定溶液在常温（15～25℃）下保存，保存时间不超过 2 个月。但在贮存期间，溶液出现浑浊、沉淀、颜色变化等现象时，应重新制备。

（6）硝酸银标准滴定溶液配制和标定除了以上方法，也可以根据 GB/T 601—2002 中 4.21 的方法来进行配制和标定。

1）配制：称取 17. 5 g 硝酸银，溶于 1000mL 水中，摇匀。溶液贮存于棕色瓶中。

2）标定：按 GB/T 9725—2007 的规定测定。其中:称取 0. 22g 于 500~600℃的高温炉中灼烧至恒重的工作基准试剂氯化钠，溶于 70mL 水中，加 10mL 淀粉溶液（10g/L），以 216 型银电极作指示电极，217 型双盐桥饱和甘汞电极作参比电极，用配制好的硝酸银溶液滴定。按 GB/T 9725—2007 中 6.2.2 条的规定计算 V_0。

硝酸银标准滴定溶液的浓度 $c(AgNO_3)$，数值以摩尔每升（mol/L）表示，按下式计算：

$$c(AgNO_3) = \frac{m \times 1\,000}{V_0 \times M}$$

式中 m——氯化钠的质量的准确数值（g）；

V_0——硝酸银溶液的体积的数值（mL）；

M——氯化钠的摩尔质量的数值（g/mol）[M（NaCl）=58.442]。

食品分析与检验综合实验

任务7 >>>

物 理 检 验

>>> 任务7-1 比重计法测定相对密度

任务目标

会应用比重计测定蔗糖溶液浓度、白酒酒精浓度和牛乳的相对密度。

任务分析

（1）用糖锤度计测蔗糖溶液的浓度。
（2）用酒精计测白酒的酒精浓度。
（3）用乳稠计测牛乳的相对密度。
（4）计算与数据处理。

任务实施

（参考 GB/T 5009.2—2003、GB 5413.33—2010、GB/T 10345—2007）

一、任务准备

1. 试剂单

序 号	名 称	规格或要求	配 制 方 法	备 注
1	蔗糖溶液样品	≥250mL	—	
2	白酒样品	≥250mL	—	
3	牛乳样品	≥250mL	—	
4	蒸馏水	—	—	

2. 仪器单

序 号	名 称	规格或要求	数 量	备 注
1	糖锤度计	20℃/4℃	1支	
2	酒精计	分度值为0.1%vol	1支	
3	乳稠计	20℃/4℃	1支	

（续）

序　号	名　称	规格或要求	数　量	备　注
4	量筒	250mL	3 个	
5	温度计	0～100℃	3 支	
6	恒温水浴锅	40℃	1 台	
7	滤纸	—	若干	

二、用糖锤度计测蔗糖溶液的浓度

取一个 250mL 的量筒，先以少量试样冲洗量筒内壁，洗毕弃去。然后盛满样液，静置，待样液内部空气逸出，泡沫浮上液面后，将泡沫除去。把锤度计抹干，用样液冲洗，然后徐徐插入量筒中，待其静置后，再轻轻按下少许，然后待其自然上升，当温度计正确表示样品的温度时（如锤度计不附温度计，则另行插入温度计），以水平视线按样液的真正液面高度读数，记下观测锤度，并记录当时的温度读数。查糖锤度温度校正表（附录 B），校正成 20℃时的数值。

三、用酒精计测定白酒的酒精浓度

将试样注入洁净、干燥的量筒中，静置数分钟，待酒中气泡消失后，放入洁净、擦干的酒精计，再轻轻按一下，不应接触量筒壁，同时插入温度计，平衡约 5min，水平观测，读取酒精计与溶液弯月面相切处的刻度示值，同时记录温度。

根据测得的酒精计示值和温度，查酒精浓度与温度更正表（附录 C），换算成 20℃时样品的酒精度[%（V/V）]。所得结果表示至一位小数。

四、用乳稠计测牛乳的相对密度

将牛乳试样小心注入 250mL 量筒，勿使其产生泡沫，将乳稠计轻轻插入量筒内的牛乳中心，使乳稠计慢慢下沉，注意不可使比重计的重锤与量筒壁相撞，静置 1～3min 后读取牛乳表面乳稠计上的刻度。同时，用温度计测牛乳温度。如果测得的温度不是 20℃，需对温度的差异加以校正。温度比 20℃每高出 1℃，要在得出的乳稠计读数上加 0.2 度，如果牛乳的温度低于 20℃时，每低 1℃，需减去乳稠计读数 0.2 度或查乳稠计读数变为温度 20℃时的度数换算表（附录 D），换算成 15℃或 20℃时的度数。

例如，16℃时 20℃/4℃乳稠计的读数为 31 度，换算为 20℃应为 31−（20−16）×0.2=31−0.8=30.2，即牛乳的相对密度 d_4^{20} =1.030 2，而 d_{15}^{15} =1.030 2+0.002=1.032 2。

五、计算与数据处理

实验项目	实验温度	实验值	校正值	实际值
测蔗糖溶液的浓度				
测白酒的酒精浓度				
测牛乳的相对密度				

任务评价

学业评价表					
序　号	项　目		学习任务的完成情况评价		
			自评（30%）	小组评（30%）	教师评（40%）
1	职业素养	遵守实验室管理规定，严格执行操作程序（10 分）			
2		安全操作，按时完成任务（10 分）			
3		学习积极主动、勤学好问（10 分）			
4		与人协作，相互配合好（5 分）			
5		清洁、整理（5 分）			
6	专业能力	会应用比重计测定蔗糖溶液浓度、白酒酒精浓度和牛乳的相对密度（20 分）			
7		操作规范（10 分）			
8		数据处理正确（5 分）			
9		实验结果准确且精确度高（15 分）			
10		认真填写实验报告，且填写正确（10 分）			
11	分数合计（100 分）				
12	存在的问题及建议				
13	综合评价分数				

帮　助

（1）如牛乳温度不在 10～25℃之间，要把乳样加热或降温到 10～25℃之间再检测。

（2）牛乳温度为 20℃左右时检测结果最准确。

（3）牛乳有气泡时不易读数，等气泡消失后再读数。

任务 7-2　比重瓶法测定果汁的相对密度

任务目标

会应用比重瓶（又称密度瓶）测定果汁的相对密度。

任务分析

比重瓶法测定果汁的相对密度的原理是：比重瓶具有一定的体积，在 20℃时，用同一比重瓶分别称取等体积的果汁试样溶液与蒸馏水的质量，从两者的质量比即可求出该试样溶液的相对密度。根据这一原理，把学习任务分为：

（1）认知比重瓶的结构。

（2）果汁试样的制备。

（3）果汁试样相对密度的测定。

（4）计算与数据处理。

任务实施

（参考 GB/T 5009.2—2003 和 NY 82.5—1988）

一、任务准备

1. 试剂单

序　号	名　称	规格或要求	配制方法	备　注
1	果汁试样	—	—	
2	蒸馏水	—	—	

2. 仪器单

序　号	名　称	规格或要求	数　量	备　注
1	滤纸	快速	若干	
2	锥形瓶	500mL	1 个	
3	表面皿	—	1 个	
4	电子天平	精度±0.0001g	1 台	
5	高精度恒温水浴锅	精度±0.1℃	1 台	
6	附温度计比重瓶	25mL	1 只	
7	细滤纸条	—	若干	

二、认知比重瓶的结构

附有特制的温度计、带有磨口帽的小支管的比重瓶，见图 7-1。

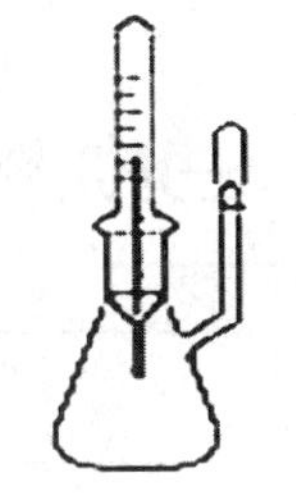

图 7-1　比重瓶

三、果汁试样的制备

如果被测饮料中含有一定量的二氧化碳，那么用力振动锥形瓶，尽可能将瓶中的二氧化碳全部赶出。然后在盖有透明玻璃塞的过滤器上过滤。如需要，可以重复进行。除气后的果汁，用表面皿盖住，其温度应保持在 15～20℃之间备用。

四、果汁试样相对密度的测定

（1）比重瓶质量的测定：将比重瓶洗净、干燥、称量，反复操作，直至恒重。

（2）比重瓶和果汁试样质量的测定：取洁净、干燥、准确称量的比重瓶，装满试样后，置 20℃水浴中浸 0.5h，使内容物的温度达到 20℃，盖上瓶盖，并用细滤纸条吸去支管标线上的试样，盖好小帽后取出，用滤纸将比重瓶外擦干，置天平室内 0.5h，称量。

（3）比重瓶和蒸馏水质量的测定：将试样倾出，洗净比重瓶，装满水，置20℃水浴中浸0.5h，使内容物的温度达到20℃，盖上瓶盖，并用细滤纸条吸去支管标线上的试样，盖好小帽后取出，用滤纸将比重瓶外擦干，置天平室内0.5h，称量。

五、计算与数据处理

1. 数据记录及处理

实验次数	1	2
实验温度/℃		
比重瓶的质量/g		
比重瓶+果汁试样的质量/g		
比重瓶+水的质量/g		
试样在20℃时的相对密度		
试样在20℃时的相对密度平均值		
两次测定结果的绝对差值		
极差与平均值比（%）		

2. 结果计算

试样在20℃时的相对密度按下式进行计算：

$$d=\frac{m_2-m_0}{m_1-m_0}$$

式中 m_0——比重瓶的质量（g）；

m_1——比重瓶加水的质量（g）；

m_2——比重瓶加果汁试样的质量（g）；

d——试样在20℃时的相对密度。

计算结果表示到称量天平的精度的有效数位。

3. 精密度

在重复性条件下获得的两次独立测定结果的绝对差值不得超过算术平均值的5%。

任务评价

学业评价表					
序号	项目		学习任务的完成情况评价		
			自评（30%）	小组评（30%）	教师评（40%）
1	职业素养	遵守实验室管理规定，严格执行操作程序（10分）			
2		安全操作，按时完成任务（10分）			
3		学习积极主动、勤学好问（10分）			
4		与人协作，相互配合好（5分）			
5		清洁、整理（5分）			
6	专业能力	能应用比重瓶法测定果汁的相对密度（20分）			
7		操作规范（10分）			
8		数据处理正确（5分）			
9		实验结果准确且精确度高（15分）			

（续）

学业评价表					
序 号	项 目		学习任务的完成情况评价		
			自评（30%）	小组评（30%）	教师评（40%）
10	专业能力	认真填写实验报告，且填写正确（10分）			
11	分数合计（100分）				
12	存在的问题及建议				
13	综合评价分数				

帮 助

（1）密度：单位体积中物质质量，单位为克每毫升，以 ρ 表示。

（2）相对密度：物质的质量与同体积同温度纯水质量的比值，用 d 表示。

（3）比重瓶内不能有气泡，天平室内温度不能超过20℃，否则不能使用此法。

（4）拿取已达恒温的比重瓶时，不得用手直接接触比重瓶球部，以免液体受热流出，应带隔热手套取瓶或用工具夹取。

（5）水浴锅中的水必须清洁无油污，防止比重瓶外壁被污染。

任务7-3 折光计法测定饮料中可溶性固形物含量

可溶性固形物是指液体或流体食品中所有溶解于水的化合物的总称，包括糖、酸、维生素、矿物质等。对于同一种物质的溶液来说，其折射率的大小与其浓度成正比，因此测定物质的折射率就可以判断物质的纯度及其浓度。

任务目标

（1）知道折光计法测定饮料中可溶性固形物含量的原理。

（2）会应用折光计法测定饮料中可溶性固形物的含量。

任务分析

折光计法测定饮料中可溶性固形物含量的原理是：在20℃用折光计测定待测样液的折光率，可通过查表或从折光计上直接读出可溶性固形物含量。根据这一原理，把学习任务分为：

（1）折射仪的使用。

（2）试样的制备。

（3）试样的测定。

（4）计算与数据处理。

任务实施

（参考GB/T 12143—2008）

一、任务准备

1. 试剂单

序号	名称	规格或要求	配制方法	备注
1	饮料样液	装于滴瓶中	—	
2	蒸馏水	装于滴瓶中	—	
3	无水酒精与乙醚（1:4）	装于滴瓶中	1体积的无水酒精与4体积的乙醚混合	

2. 仪器单

序号	名称	规格或要求	数量	备注
1	阿贝折光计	测量范围：0%～80% 精确度：±0.1%	1台	
2	脱脂棉花	—	若干	
3	高速组织捣碎机	10 000～12 000r/min	1台	
4	烧杯	250mL	1个	

二、折射仪的使用

1. 认识阿贝折射仪（见图7-2）

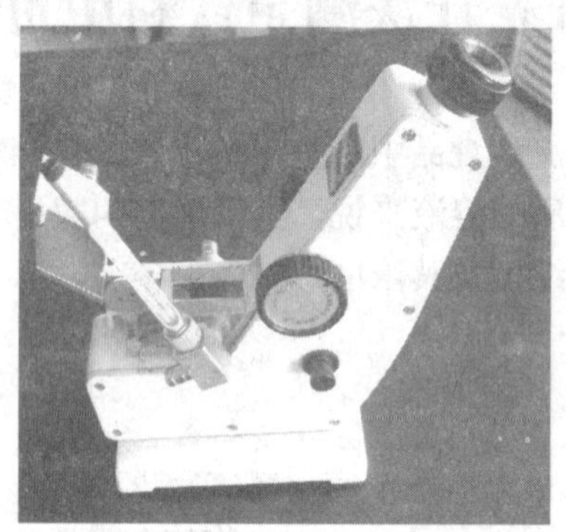

图7-2 阿贝折射仪

2. 阿贝折射仪的使用方法

（1）仪器安装：将阿贝折射仪安放在光亮处，但应避免阳光的直接照射，以免液体试样受热迅速蒸发。

（2）仪器校正：

① 在开始测定前，必须先用标准试样校对读数。对折射棱镜的抛光面加1～2滴溴萘，再贴上标准试样的抛光面，当读数视场指示于标准试样上之值时，观察望远镜内明暗分界线是否在十字线中间，若有偏差则用螺丝刀微量旋转小孔内的螺钉，带动物镜偏摆，使分界线相位移至十字线中心，通过反复地观察与校正，使示值的起始误差降至最小（包括操作者的瞄准误差）。校正完毕后，在以后的测定过程中不允许随意再动此部位。

如果在日常的工作中，对所测量的折射率示值有怀疑时，可按上述方法用标准试样进行检验，来确定是否有起始误差，如有则需要进行校正。

② 每次测定工作之前及进行示值校准时必须将进光棱镜的毛面，折射棱镜的抛光面及标准试样的抛光面，用无水酒精与乙醚（1:4）的混合液和脱脂棉花轻擦干净，以免留有其他物质，影响成像清晰度和测量精度。

（3）加样：旋开测量棱镜和辅助棱镜的闭合旋钮，使辅助棱镜的磨砂斜面处于水平位置，若棱镜表面不清洁，可滴加少量无水酒精与乙醚（1:4）混合液，用脱脂棉沿单一方向轻擦镜面（不可来回擦）。待镜面洗净干燥后，用滴管滴加数滴试样于辅助棱镜的毛镜面上，迅速合上辅助棱镜，旋紧闭合旋钮。若液体易挥发，动作要迅速，或先将两棱镜闭合，然后用滴管从加液孔中注入试样（注意切勿将滴管折断在孔内）。

（4）调光：转动镜筒使之垂直，调节反射镜使入射光进入棱镜，同时调节目镜的焦距，使目镜中十字线清晰明亮。调节消色散补偿器使目镜中彩色光带消失。再调节读数螺旋，使明暗的界面恰好同十字线交叉处重合。

（5）读数：从读数望远镜中读出刻度盘上的折射率/可溶性固形物含量的数值。

三、试样的制备

1．透明液体制品

将试样充分混匀，直接测定。

2．半粘稠制品（果浆、菜浆类）

将试样充分混匀，用四层纱布挤出滤液，弃去最初几滴，收集滤液供测试用。

3．含悬浮物制品（果粒果汁类饮料）

将待测样品置于组织捣碎机中捣碎，用四层纱布挤出滤液，弃去最初几滴，收集滤液供测试用。

四、试样的测定

（1）校正折光计。

（2）分开折光计两面棱镜，用脱脂棉蘸体积为 1:4 的无水乙醇和乙醚的混合液擦净。

（3）滴加 2～3 滴待测样液于棱镜中央。

（4）立即闭合棱镜，静置 1min，使试样均匀无气泡，并充满视野。

（5）对准光源，转动消色调节旋钮，使视野分成明暗两部分，再转动刻度调节手轮，使明暗分界线在物镜的十字交叉点上，见图 7-3。读取刻度尺上所示百分数，并记录测定时的温度。

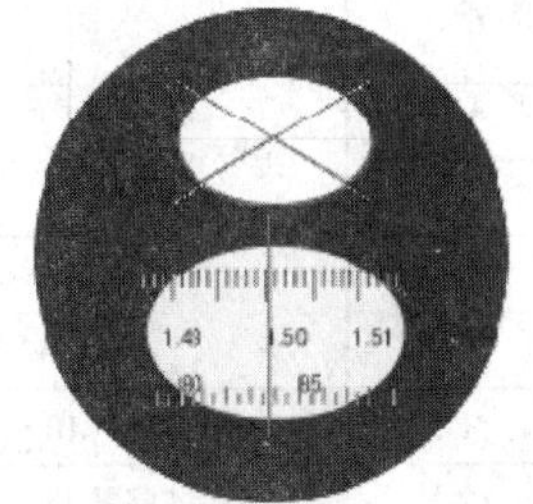

图 7-3 明暗分界线在物镜的十字交叉点上

6．如目镜读数标尺刻度为百分数，即为可溶性固形物含量（%）；如目镜读数标尺刻度为折光率，可按折光率与可溶性固形物含量换算表（附录 E）转算为可溶性固形物含量（%）。

将上述百分含量按可溶性固形物含量对温度的校正表（附录 F）换算为 20℃时可溶性固形物含量（%）。

五、计算与数理处理

1. 数据记录及处理

实验温度		
20℃时可溶性固形物含量温度校正值（%）		
测定液可溶性固形物含量测定值（%）	1	2
测定液可溶性固形物含量实际值（%）		
样品可溶性固形物含量（%）		
两次测定结果的绝对差值（%）		

2. 结果表示

同一试样取两个平行样测定，以其算术平均值作为测定结果，保留一位小数。

3. 允许差

同一样品两次测定值之差，不应大于 0.5%。

任务评价

学业评价表					
序号	项目		学习任务的完成情况评价		
			自评（30%）	小组评（30%）	教师评（40%）
1	职业素养	遵守实验室管理规定，严格执行操作程序（10 分）			
2		安全操作，按时完成任务（10 分）			
3		学习积极主动、勤学好问（10 分）			
4		与人协作，相互配合好（5 分）			
5		清洁、整理（5 分）			
6	专业能力	能应用折光计法测定饮料中可溶性固形物的含量（20 分）			
7		操作规范（10 分）			
8		数据处理正确（5 分）			
9		实验结果准确且精确度高（15 分）			
10		认真填写实验报告，且填写正确（10 分）			
11	分数合计（100 分）				
12	存在的问题及建议				
13	综合评价分数				

帮　助

阿贝折射仪的保养如下：

（1）仪器应放于干燥、空气流通的室内，以免光学零件受潮后生霉。

（2）当测试腐蚀性液体时应及时做好清洗工作（包括光学零件、金属零件以及油漆表面），防止侵蚀损坏。仪器使用完毕后必须做好清洁工作，放入木箱内，木箱内应存有干燥剂（变色硅胶）以吸收潮气。

（3）被测试样中不应有硬性杂质，当测试固体试样时，应防止把折射棱镜表面拉毛或产生压痕。

（4）经常保持仪器清洁，严禁油手或汗手触及光学零件，若光学零件表面有灰尘可用高级鹿皮或长纤维的脱脂棉轻擦后用皮吹风吹去，如光学零件表面沾上了油垢应及时用酒精和乙醚的混合液擦干净。

（5）仪器应避免强烈振动或撞击，以防止光学零件损伤及影响精度。

任务 7-4　旋光计法测定味精中麸氨酸钠的含量

味精的化学名称为谷氨酸钠，又叫麸氨酸钠，是氨基酸的一种，也是蛋白质的最后分解产物。在强碱溶液中，能生成谷氨酸二钠，此时鲜味就没有了。如果将水溶液加热到120℃，能使部分谷氨酸钠失水而生成焦谷氨酸钠，就更没有鲜味了。据研究，味精可以增进人们的食欲，提高人体对其他各种食物的吸收能力，对人体有一定的滋补作用。因为味精里含有大量的谷氨酸，这是人体所需要的一种氨基酸，96%能被人体吸收，形成人体组织中的蛋白质。谷氨酸还能与血氨结合，形成对机体无害的谷氨酰胺，解除组织代谢过程中所产生的氨的毒性作用。谷氨酸能参与脑蛋白质代谢和糖代谢，促进氧化过程，对中枢神经系统的正常活动起良好的作用。一般来说，麸氨酸钠含量越高则味精的质量越好。

任务目标

（1）知道旋光计法测定味精中麸氨酸钠的含量的原理。

（2）会应用旋光计法测定味精中麸氨酸钠的含量。

任务分析

旋光计法测定味精中麸氨酸钠含量的原理是：麸氨酸钠分子结构含有一个不对称碳原子，具有旋转偏光振动平面的能力，即具有光学活动性，旋转通过其间的偏振光线的偏光平面的能力，以角度表示叫做旋光度，可用旋光仪观察。根据这一原理，把学习任务分为：

（1）旋光仪的使用。

（2）样品的制备。

（3）样品的测定。

（4）计算与数据处理。

任务实施

（参考 GB/T 5009.43—2003）

一、任务准备

1. 试剂单

序号	名称	规格或要求	配制方法	备注
1	盐酸溶液	1+1	1体积的浓盐酸与1体积的水混合	
2	味精样品	固体	—	
3	蒸馏水	约500mL，装于洗瓶中	—	

2. 仪器单

序号	名称	规格或要求	数量	备注
1	旋光仪	WXG—4型	1台	
2	容量瓶	50mL	1个	
3	烧杯	50mL、250mL	各1只	
4	电子天平	精度±0.0001g	1台	
5	胶头滴管	—	1支	
6	量筒	50mL	1个	
7	玻璃棒	—	1根	
8	洗瓶	—	1个	
9	温度计	100℃	1支	
10	药匙	—	1支	
11	软布	—	1块	

二、旋光仪的使用

1. WXG-4旋光仪的构造（见图7-4）

仪器由光源、起偏镜、半荫片、检偏镜、刻度盘等组成。

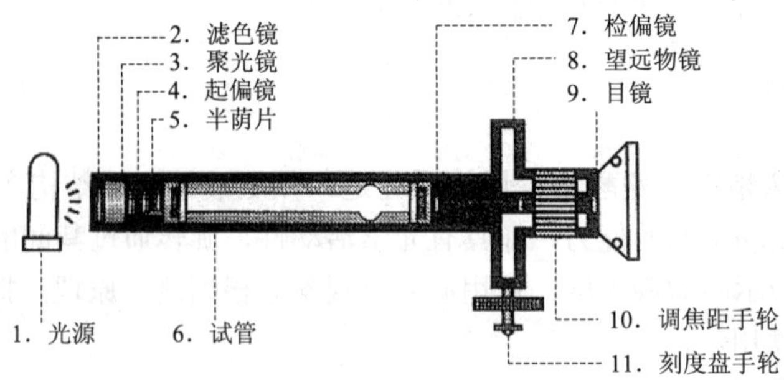

图7-4 旋光仪的构造

2. WXG-4型旋光仪的使用方法

（1）调节仪器零点

① 关闭测量室盖，打开仪器电源。

② 等待10min，使仪器光源稳定。

③ 调节焦距手轮，见图 7-5，透过目镜清晰观察仪器的视场。

④ 调节刻度盘手轮，见图 7-6，使仪器的游标刻度处于 0 对 0 的状态。透过目镜，可以看到一个光亮一致的视场（零点视场），见图 7-7。

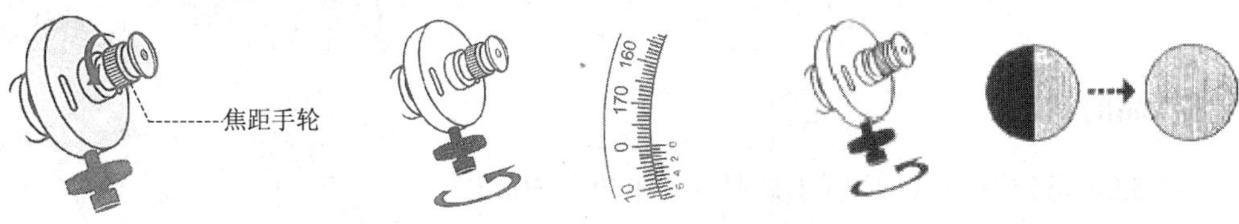

图 7-5　焦距手轮　　图 7-6　刻度盘手轮　　图 7-7　零点视场

（2）测量

① 取出旋光管并旋开螺帽，见图 7-8，用蒸馏水清洗旋光管内壁。

② 将蒸馏水倒入旋光管中并确保液体充满旋光管。

③ 旋上螺帽，但不宜过紧，通常状态下不漏水即可。

④ 用软布擦干旋光管外壁及两端通光面上的雾状水滴，见图 7-9。

如果旋光管中的液体有气泡，请将气泡赶入旋光管的圆球中，如图 7-10 所示。

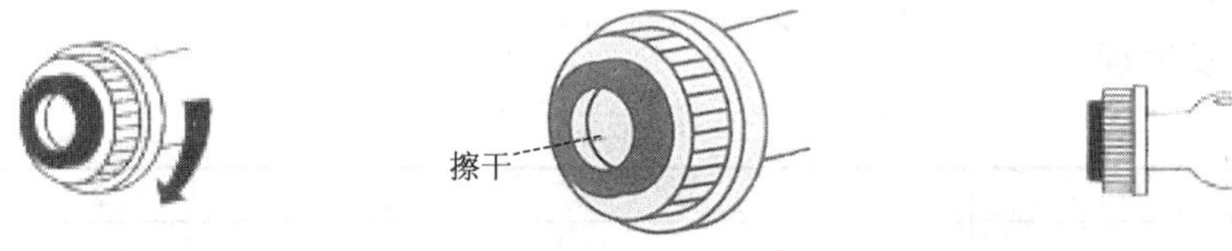

图 7-8　旋开螺帽　　图 7-9　擦干旋光管　　图 7-10　将气泡赶入旋光管的圆球中

⑤ 打开测量室盖，将旋光管有圆球的一端向上放入测量室中，关闭测量室盖，如 7-11 所示。

⑥ 调节焦距手轮，能透过目镜清晰观察到仪器的视场。

⑦ 调节刻度盘手轮，直至目镜中出现与零点时相一致的视场，见图 7-12。

图 7-11　将旋光管有圆球的一端向上放入测量室中　　图 7-12　与零点时相一致的视场

⑧ 记录刻度盘测量值。

⑨ 逆向旋转刻度盘手轮，直至目镜中出现与零点时相一致的视场。

⑩ 记录刻度盘测量值。

读数方法：主尺对准游标尺零位的数为整数，游标尺上某一刻度线与主尺上某一刻线相重合时，游标尺上数值为小数值。读数刻度盘分 360 格，每格为 1°，游标最小分度为 0.05°，如图 7-13 的读数为 9.30°。

取步骤⑧及⑩所记录的测量值的平均数，即为仪器零点值。

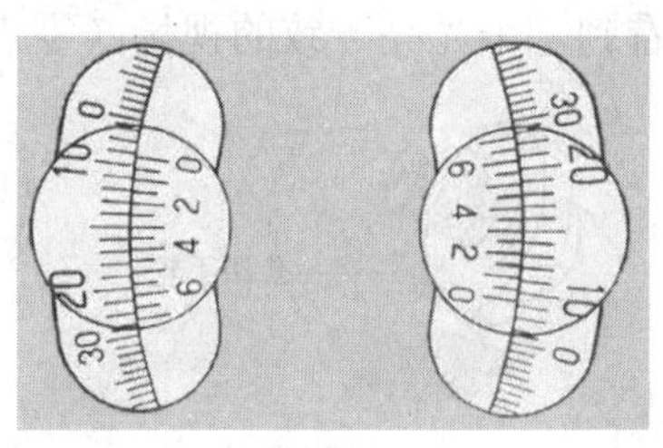

图 7-13 读数

三、样品的制备

称取约 5.0g 充分混匀试样，置于烧杯中，加 20～30mL 水。再加 16mL 盐酸溶液（1+1），溶解后移入 50mL 容量瓶中加水至刻度，摇匀。

四、样品的测定

将以上溶液置于 2dm 长的旋光管内观察旋光度，同时需测定旋光管内溶液的温度。如温度低于或高于 20℃，需要校正后计算。

五、计算与数据处理

1．数据记录及处理

t=__。

实验次数	1	2
温度 t/℃		
t℃时观察所得的旋光度		
试样中麸氨酸钠的含量/（g/100g）		
麸氨酸钠含量平均值/（g/100g）		
两次测定结果的绝对差值/（g/100g）		
极差与平均值之比（%）		

2．结果计算

（1）当温度为 20℃时直接按下式计算：

$$X=\frac{d_{20}\times 50\times 187.13}{5\times 2\times 32\times 147.13}\times 100$$

式中 X——试样中麸氨酸钠的含量；

d_{20}——20℃时观察所得的旋光度；

32——纯麸酸 20℃时的比旋度；

187.13——麸酸钠含 1 分子结晶水分子量；

147.13——麸酸的分子量；

2——旋光管长度（dm）。

如温度不在 20℃，测定应加以校正，麸酸校正值为 0.060。

（2）t℃时纯麸酸之比旋光度按下式计算：

$$[d_t]=[32+0.06（20-t）]\times 147.13/187.13=25.16+0.047（20-t）$$

（3）试样中麸氨酸钠的含量（含 1 分子结晶水）按下式进行计算：

$$X_2=\frac{d_t\times50\times1000}{5\times2[25.16+0.047(20-t)]}$$

式中　X_2——试样中麸氨酸钠的含量（含 1 分子结晶水）（g/100g）；

d_t——t℃时观察所得的旋光度；

t——测定时温度（℃）。

计算结果保留三位有效数字。

3．精密度

在重复性条件下获得的两次独立测定结果的绝对差值不得超过算术平均值的 10%。

任务评价

学业评价表

序　号	项　　目		学习任务的完成情况评价		
			自评（30%）	小组评（30%）	教师评（40%）
1	职业素养	遵守实验室管理规定，严格执行操作程序（10 分）			
2		安全操作，按时完成任务（10 分）			
3		学习积极主动、勤学好问（10 分）			
4		与人协作，相互配合好（5 分）			
5		清洁、整理（5 分）			
6	专业能力	能应用旋光计法测定味精中麸氨酸钠的含量（20 分）			
7		操作规范（10 分）			
8		数据处理正确（5 分）			
9		实验结果准确且精确度高（15 分）			
10		认真填写实验报告，且填写正确（10 分）			
11	分数合计（100 分）				
12	存在的问题及建议				
13	综合评价分数				

帮　助

WXG—4 型旋光仪的保养

（1）仪器应放在空气流通和温度、湿度适宜的地方，以免光学零件、偏振片受潮发霉。

（2）钠光灯使用时间不宜超过 4h，长时间使用必须关机 10～15min 后再用。

（3）当输入电压过低时，钠光灯会发红不会发黄，这时仪器不宜使用。

（4）旋光管使用后应及时用蒸馏水冲洗干净，擦干存放。

（5）镜片不能用硬质的布、纸去擦，否则将损坏镜片。

（6）如对仪器的校准方法不清楚，请勿随意拆动，以免损伤仪器。

任务 8 >>>

称 量 分 析

>>> 任务 8-1 固体食品中水分含量的测定——直接干燥法

水分含量是食品重要的质量指标之一。适当的水分含量可保持食品品质，延长食品保藏期，过高的水分含量也会使贮藏期降低，组织状态发生软化，弹性降低或者消失，从而导致食品质量严重下滑。水分含量是一项重要的经济指标。通过水分含量的测定，食品工厂可根据水分含量进行物料衡算，对生产进行指导管理。另外，水分的含量高低，与微生物的生长及生化反应都有密切的关系。综上所述就可说明测定食品中水分含量的重要性，水分在我们食品分析中是必测的一项。

任务目标

（1）明白直接干燥法测定水分含量的原理。

（2）学会直接干燥法测定水分含量的操作技术，包括称量瓶恒重、样品称量与干燥、计算与数据处理等。

任务分析

直接干燥法测定食品中的水分的原理是：利用食品中水分的物理性质，在 101.3 kPa（一个大气压），温度 101～105℃下采用挥发方法测定样品中干燥减少的重量，包括吸湿水、部分结晶水和该条件下能挥发的物质，再通过干燥前后的称量数值计算出水分的含量。根据这一原理，把学习任务分为：

（1）称量瓶恒重。

（2）样品称量与干燥。

（3）计算与数据处理。

任务实施

（参考 GB 5009.3—2010）

一、任务准备

仪器样品清单如下：

序　号	名　称	规格或要求	数　量	备　注
1	称量瓶	扁形铝制或玻璃制	2个	
2	电热恒温干燥箱	最高温度超过150℃	1台	
3	干燥器	内附有效干燥剂（常用变色硅胶或无水氯化钙）	1个	
4	分析天平	感量为0.0001g	1台	
5	样品	固体类食品	若干	

二、称量瓶恒重

（1）启动电热恒温干燥箱电源开关，将温度设置在101～105℃之间，并让其升温直到温度恒定在此区间。

（2）取洁净铝制或玻璃制的扁形称量瓶，置于已经恒定温度在101～105℃的干燥箱中，瓶盖斜支于瓶边。

（3）加热1h，盖好瓶盖取出，置干燥器内冷却0.5 h，用分析天平称量称量瓶的质量。

（4）重复干燥（第2和3步骤）至前后两次质量差不超过2 mg，即为恒重。

两次恒重值在最后计算中，取最后一次的称量值。

三、样品称量与干燥

（1）将样品混合均匀，并迅速磨细至颗粒小于2mm，不易研磨的样品应尽可能切碎。

（2）称取经第1步骤处理的样品2～10g两份（精确至0.0001g），都放入已经恒重过的称量瓶中，样品厚度不超过5 mm，如为疏松样品，厚度不超过10 mm，加盖。

（3）精密称量后，置101～105℃干燥箱中，瓶盖斜支于瓶边，干燥2～4 h后，盖好瓶盖取出，放入干燥器内冷却0.5 h后称量。

（4）然后再放入101～105℃干燥箱中干燥1 h左右，盖好瓶盖取出，放入干燥器内冷却0.5 h后再称量。

（5）重复第4步骤操作至前后两次质量差不超过2 mg，即为恒重。

两次恒重值在最后计算中，取最后一次的称量值。

四、计算与数据处理

1. 数据记录及处理

项　目	1	2
称量瓶质量 m_3/g		
称量瓶+样品质量 m_1/g		
称量瓶+样品干燥后质量 m_2/g		
水分含量/（g/100g）		
水分含量平均值/（g/100g）		
极差与平均值之比（%）		

2. 结果计算

样品中水分含量的计算：

$$X=\frac{m_1-m_2}{m_1-m_3}\times 100$$

式中 X——样品中水分含量（g/100g）；

m_1——称量瓶+样品的质量（g）；

m_2——称量瓶+样品干燥后的质量（g）；

m_3——称量瓶的质量（g）。

水分含量≥1g/100g时，计算结果保留三位有效数字；水分含量＜1g/100g时，结果保留两位有效数字。

3．精密度

在重复性条件下获得的两次独立测定结果的绝对差值不得超过算术平均值的5%。

任务评价

学业评价表

序号	项目		学习任务的完成情况评价		
			自评（30%）	小组评（30%）	教师评（40%）
1	职业素养	遵守实验室管理规定，严格执行操作程序（10分）			
2		安全操作，按时完成任务（10分）			
3		学习积极主动、勤学好问（10分）			
4		与人协作，相互配合好（5分）			
5		清洁、整理（5分）			
6	专业能力	能用直接干燥法测定食品中水分含量（20分）			
7		操作规范（10分）			
8		数据处理正确（5分）			
9		实验结果准确且精确度高（15分）			
10		认真填写实验报告，且填写正确（10分）			
11	分数合计（100分）				
12	存在的问题及建议				
13	综合评价分数				

帮　助

（1）本法也适用于半固体样品以及液体样品检测。在称量瓶中加入10g海砂及一根小玻棒，取样范围为取5～10g样品（精确至0.000 1g），具体细节可参考GB 5009.3—2010。

（2）不同种类不同性质的食品，测定方法不同，如GB 5009.3—2010中“减压干燥法”适用于糖、味精等易分解的食品中水分含量≥0.5g/100g的样品的测定；GB 5009.3—2010中“卡尔·费休容量法”适用于水分含量大于1.0×10^{-3}g /100g的样品；GB/T 24896—2010中“近红外法”测定水稻水分含量；GB/T 12729.6—2008中“蒸馏法”测定香辛料和调味品中水分含量。

任务8-2　固体食品中灰分的测定

通常测定的灰分称为总灰分，其中包括水溶性灰分和水不溶性灰分，以及酸溶性灰分和酸不溶性灰分。测定食品的总灰分含量可以反映食品的营养价值，也是控制食品质量的重要依据。测定食品的总灰分含量可以评判食品加工精度，还可以用来判断食品受污染的程度。因此，灰分是食品成分全分析的项目之一。

任务目标

（1）明白固体食品中灰分测定的原理。

（2）学会固体食品中灰分测定的操作技术，包括坩埚恒重、样品称量与测定、灰分含量计算等。

任务分析

食品中灰分的测定原理是：食品经灼烧后所残留的无机物质称为灰分。灰分数值经灼烧、称重后计算得出。根据这一原理，把学习任务分为：

（1）坩埚恒重。

（2）样品称量与灰化。

（3）计算与数据处理。

任务实施

（参考GB 5009.4—2010）

一、任务准备

1．仪器样品清单

序　号	名　称	规格或要求	数　量	备　注
1	马福炉	温度≥600℃	1台	
2	坩锅	石英坩埚或瓷坩埚	2个	
3	干燥器	内附有效干燥剂（常用变色硅胶或无水氯化钙）	1个	
4	分析天平	感量为0.000 1g	1台	
5	电热板	可控温度	1台	
6	坩埚钳	大小与坩埚配套	1把	
7	样品	固体类食品	若干	

二、坩埚恒重

（1）启动马福炉电源开关，把大小适宜的石英坩埚或瓷坩埚置于其中，关好马福炉，温度设置到 250～300℃之间的某一确定温度，如 270℃，等待温度上升到此设定温度。

（2）当马福炉的温度上升到第 1 步骤中的设定温度时，接着第二次设定马福炉的温度为到 550℃，等待温度上升到 550℃±25℃时，灼烧坩埚 0.5 h。

（3）切断马福炉电源，冷却至 200℃左右，取出坩埚，放入干燥器中冷却 30 min，用分析天平（感量为 0.000 1g）准确称量。

（4）重复第 2、3 步骤操作，称重坩埚至前后两次质量相差不超过 0.5 mg，即为恒重。两次恒重值在最后计算中，取最后一次的称量值。

三、样品称量与灰化

（1）灰分大于 10g/100g 的固体样品称取 2～3g（精确至 0.000 1g）于坩埚中；灰分小于 10g/100g 的固体样品称取 3～10g（精确至 0.000 1g）于坩埚中。

（2）将装有固体样品的坩埚置于电热板上，以小火加热使样品炭化至无烟。

（3）将炭化后的样品置于马福炉中，重复坩埚恒重步骤的第 1、2 步操作，最终在 550℃±25℃的马福炉中灼烧 4 h。

（4）切断马福炉电源，冷却至 200℃左右，取出坩埚，放入干燥器中冷却 30 min，称量前如发现灼烧残渣有炭粒时，应向样品中滴入少许水湿润，使结块松散，蒸干水分后再次灼烧至无炭粒即表示灰化完全，方可称量。

（5）重复第 3、4 步操作，称重坩埚至前后两次质量相差不超过 0.5 mg，即为恒重。

四、计算与数据处理

1．数据记录及处理

项　目	1	2
坩埚+样品灰分质量/m_1g		
坩埚+样品质量/m_2g		
坩埚质量/m_3g		
灰分含量/（g/100g）		
灰分含量平均值/（g/100g）		
极差与平均值之比（%）		

2．结果计算

样品中水分含量的计算

$$X_1 = \frac{m_1 - m_2}{m_3 - m_2} \times 100$$

式中　X_1——样品中灰分的含量（g/100g）；

m_1——坩埚和灰分的质量（g）；

m_2——坩埚的质量（g）；

m_3——坩埚和样品的质量（g）。

样品中灰分含量≥10g/100g 时，保留三位有效数字；样品中灰分含量＜10g/100g 时，保留两位有效数字。

3．精密度

在重复性条件下获得的两次独立测定结果的绝对差值不得超过算术平均值的5%。

任务评价

学业评价表

序　号	项　目		学习任务的完成情况评价		
			自评（30%）	小组评（30%）	教师评（40%）
1	职业素养	遵守实验室管理规定，严格执行操作程序（10分）			
2		安全操作，按时完成任务（10分）			
3		学习积极主动、勤学好问（10分）			
4		与人协作，相互配合好（5分）			
5		清洁、整理（5分）			
6	专业能力	能测定食品中灰分的含量（20分）			
7		操作规范（10分）			
8		数据处理正确（5分）			
9		实验结果准确且精确度高（15分）			
10		认真填写实验报告，且填写正确（10分）			
11	分数合计（100分）				
12	存在的问题及建议				
13	综合评价分数				

帮　助

（1）本法也适用于半固体样品以及液体样品检测。具体过程请参照GB 5009.4—2010。

（2）本法不适用于淀粉及其衍生物中灰分含量的测定。如果需要了解淀粉及其衍生物中灰分含量的测定，请参考GB/T 22427.1—2008。

（3）测定食品中灰分的其他方法：GB/T 24872—2010中“近红外法”测定小麦粉灰分含量；GB/T 5505—2008粮油食品灰分的测定；GB/T 9695.18—2008肉与肉制品总灰分的测定；GB/T 22510—2008谷物、豆类及副产品灰分含量的测定。

（4）TXHF—1便携式快速灰分测定仪也是一种测定灰分含量的仪器。

任务8-3　固体食品中粗脂肪的测定

脂肪是食品中重要的营养成分之一，可为人体提供必需脂肪酸。同时，脂肪是食品质量管理中的一项重要检测指标。脂肪含量的多少可用作评价食品的质量好坏，是否掺假，是否脱脂等在食品加工生产过程中，原料、半成品、成品的脂类含量对产品的风味、组织结构、品质、外观、口感等都有直接影响。测定食品的脂肪含量，可以用来评价食品的品质，衡量食品的营养价值，而且对实行工艺监督，生产过程的质量管理，研究食品的储藏方式是否恰当等方面都有重要的意义。所以，食品中脂肪含量测定的意义重大。

任务目标

（1）明白固体食品中粗脂肪测定的原理。

（2）学会固体食品中粗脂肪测定的操作技术，包括脂肪瓶恒重、样品称量与测定、粗脂肪含量计算等。

任务分析

食品中粗脂肪的测定原理是：食品试样用无水乙醚或石油醚等溶剂抽提后，蒸去溶剂所得的物质，称为粗脂肪。因为除脂肪外，还含色素及挥发油、蜡、树脂等物。抽提法所测得的脂肪为游离脂肪。根据这一原理，把学习任务分为：

（1）脂肪瓶恒重。

（2）样品称量与粗脂肪提取。

（3）计算与数据处理。

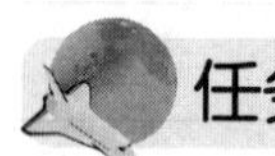

任务实施

（参考 GB/T 14772—2008）

一、任务准备

仪器样品清单如下：

序　号	名　称	规格或要求	数　量	备　注
1	石油醚	分析纯，沸程 30～60℃	1 瓶	
2	无水乙醚	分析纯，不含过氧化物	1 瓶	
3	索氏提取器	脂肪瓶 2 只	1 套	
4	分析天平	感量为 0.000 1g	1 台	
5	电热鼓风干燥箱	可控温度	1 台	
6	称量皿	铝质或玻璃质	2 个	
7	脱脂棉花	已经过脱脂处理	适量	
8	滤纸	脱脂滤纸	1 包	
9	水浴锅	可调温	1 台	
10	样品	固体类食品	若干	

二、脂肪瓶恒重

（1）将脂肪瓶清洗干净。

（2）启动电热鼓风干燥箱电源开关，把已洗净的脂肪瓶置于其中，关好电热鼓风干燥箱，温度设置到 103℃±2℃进行干燥恒重（具体过程可参考“任务 8-1　固体食品中水分的测定—直接干燥法”中称量皿的恒重操作过程）。

（3）恒重时，前后两次质量相差不超过 2mg。两次恒重值在最后计算中，取最后一次的称量值。

三、样品称量与脂肪提取

（1）用洁净的称量皿称取固体样品约 5g（精确至 0.001g），折好滤纸筒。

（2）将称量好的样品全部移入滤纸筒内，用沾有无水乙醚或石油醚的脱脂棉擦净称量皿和玻璃棒，一并放入滤纸筒内，滤纸筒上方塞添少量脱脂棉。

（3）将盛有样品的滤纸筒移入电热鼓风干燥箱内，在 103℃±2℃温度下烘干 2h。

（4）将干燥后盛有样品的滤纸筒放入索氏提取筒内，连接已干燥至恒重的脂肪瓶，安装好提取设备，注入无水乙醚或石油醚至虹吸管高度以上，待提取液流净后，再加提取液至虹吸管高度的 1/3 处。连接回流冷凝管，将脂肪瓶放在水浴锅上加热，用少量脱脂棉塞入冷凝管上口。

（5）水浴温度应控制在提取液每 6～8min 回流一次。肉制品、豆制品、谷物油炸制品、糕点等提取 6～12h，坚果制品提取约 16h，提取结束时，用磨砂玻璃接取一滴提取液，磨砂玻璃上无油斑表明提取完毕。

（6）提取完毕后，回收提取液，取下脂肪瓶，在水浴上蒸干并除尽残余的无水乙醚或石油醚，用脱脂滤纸擦净脂肪瓶外部，在 103℃±2℃的电热鼓风干燥箱内干燥 1h，取出，置于干燥器内冷却至室温，称重。然后把脂肪瓶继续放在 103℃±2℃的电热鼓风干燥箱内干燥 0.5h，置于干燥器内冷却至室温，称重。重复以上操作（把脂肪瓶继续放在 103℃±2℃的电热鼓风干燥箱内干燥 0.5h，置于干燥器内冷却至室温，称重），直至前后两次称重相差不超过 0.002g。

四、计算与数据处理

1．数据记录及处理

记 录 项 目	1	2
脂肪瓶质量/m_0 g		
脂肪瓶+粗脂肪质量/m_1g		
样品质量/m_2g		
粗脂肪含量/（g/100g）		
粗脂肪含量平均值/（g/100g）		
极差与平均值之比（%）		

2．结果计算

样品中脂肪含量的计算

$$X=\frac{m_1-m_0}{m_2}\times 100$$

式中 X——样品中粗脂肪的含量（g/100g）；

m_1——脂肪瓶和粗脂肪的质量（g）；

m_0——脂肪瓶的质量（g）；

m_2——样品的质量（g）。

计算结果表示到小数点后一位。

3．精确度

在重复性条件下获得的两次独立测定结果的绝对差值不得超过算术平均值的5%。

任务评价

学业评价表

序号	项目		学习任务的完成情况评价		
			自评（30%）	小组评（30%）	教师评（40%）
1	职业素养	遵守实验室管理规定，严格执行操作程序（10分）			
2		安全操作，按时完成任务（10分）			
3		学习积极主动、勤学好问（10分）			
4		与人协作，相互配合好（5分）			
5		清洁、整理（5分）			
6	专业能力	能测定食品中粗脂肪的含量（20分）			
7		操作规范（10分）			
8		数据处理正确（5分）			
9		实验结果准确且精确度高（15分）			
10		认真填写实验报告，且填写正确（10分）			
11	分数合计（100分）				
12	存在的问题及建议				
13	综合评价分数				

帮　助

（1）本法适用于肉制品、豆制品、坚果制品、谷物油炸制品、糕点等食品中粗脂肪的测定。

（2）本法也适用于半固体、液体食品。

（3）固体样品取样：取有代表性的样品至少200g，用研钵捣碎，混合均匀，置于密闭玻璃容器内；不易捣碎、研细的样品，应切（剪）成细粒，置于密闭玻璃容器内。

（4）粉状样品取样：取有代表性的样品至少 200g（如粉粒较大也应用研钵研细），混合均匀，置于密闭玻璃容器内。

（5）糊状样品取样：取有代表性的样品至少 200g，混合均匀，置于密闭玻璃容器内。

（6）肉制品取样：取去除不可食部分，具有代表性的样品至少 200g，用绞肉机至少绞肉两次，混合均匀，置于密闭玻璃容器内。

（7）本法中水浴参考温度：夏天 65℃，冬天 80℃左右。

（8）测定食品中粗脂肪的其他国标方法：GB/T 15674—2009 的先用酸水解后再用索氏提取器的食用菌中粗脂肪的测定方法，该法仅适用于食用菌中粗脂肪含量的测定；GB/T 24870—2010 中近红外法测定大豆中的粗脂肪；GB/T 22427.3—2008 中适用于总脂肪含量低于 1.5g/100g 的淀粉总脂肪的测定；GB 5413.3—2010 中对婴幼儿食品和乳品中脂肪的测定；GB/T 9695.7—2008 中规定肉与肉制品中总脂肪含量的测定；GB/T 9695.1—2008 中规定肉与肉制品中游离脂肪含量的测定等。

（9）测定食品中粗脂肪的其他方法有酸水解法、罗兹-哥特里法、巴布科克法、盖勃法和氯仿-甲醇提取法等。

（10）抽提剂乙醚是易燃、易爆物质，应注意通风并且不能有火源。

（11）样品滤纸筒的高度不能超过虹吸管，否则上部脂肪不能提尽而造成误差。

（12）样品和醚浸出物在烘箱中干燥时，时间不能过长，以防止不饱和的脂肪酸受热氧化而增加质量。

（13）脂肪瓶在烘箱中干燥时，瓶口侧放，以利空气流通。而且先不要关上烘箱门，于 90℃以下鼓风干燥 10～20min，驱尽残余溶剂后再将烘箱门关紧，升至所需温度。

（14）乙醚若放置时间过长，会产生过氧化物。过氧化物不稳定，当蒸馏或干燥时会发生爆炸，故使用前应严格检查，并除去过氧化物。

① 检查方法：取 5mL 乙醚于试管中，加 KI（100g/L）溶液 1mL，充分振摇 1min，静置分层。若有过氧化物则放出游离碘，水层是黄色（或加 4 滴 5g/L 淀粉指示剂显蓝色），则该乙醚需处理后使用。

② 去除过氧化物的方法：将乙醚倒入蒸馏瓶中加一段无锈铁丝或铝丝，收集重蒸馏乙醚。

（15）反复加热可能会因脂类氧化而增重，质量增加时，以增重前的质量为恒重。

任务 9 >>>

滴 定 分 析

>>> 任务 9-1 酸 碱 滴 定

任务 9-1-1 白醋中总酸的测定

酸是食品中重要的呈味物质，包括有机酸、无机酸、酸式盐和某些酸性化合物。在果蔬及其制品中，以苹果酸、柠檬酸、酒石酸、琥珀酸和醋酸为主；在肉、鱼类食品中以乳酸为主；有些食品中还有一些无机酸，如盐酸、磷酸等。这些酸味物质，有的是食品中的天然成分，如苹果中的苹果酸；有的是在食品加工的发酵过程中产生的，如酸牛奶中的乳酸；还有的是人为加进去的，如配制型饮料中加入的柠檬酸。

通过测定食品中的酸度，可以判断果蔬的成熟程度，一般成熟度越高，酸的含量越低；可以判断食品的新鲜程度，乳制品中乳酸含量过高，说明已腐败变质；可以判断食品质量的好坏，食品中有机酸含量的多少，能直接影响食品的风味、色泽、稳定性和品质的高低。所以测定水果、肉类、饮料、水果罐头、啤酒、白酒和食醋等产品的酸度在食品的加工、贮存及品质管理方面都起着重要作用。

任务目标

（1）明白酸碱滴定法测定食品中总酸的原理。

（2）学会酸碱滴定法测定食品中总酸的操作技术，包括试样的制备、滴定、计算与数据处理。

任务分析

用标准碱液滴定样品中的酸，中和生成盐，用酚酞做指示剂。当到达滴定终点（pH=8.2，指示剂呈微红色）时，根据消耗的标准碱液的体积，计算出总酸的含量。根据这一原理，把学习任务分为：

（1）试样的制备。

（2）滴定。

（3）计算与数据处理。

任务实施

（参考 GB/T 12456—2008）

一、任务准备

1．试剂和材料单

序 号	名 称	规格或要求	配制方法	备 注
1	氢氧化钠标准滴定溶液	浓度：0.1mol/L	参考“任务6-1 氢氧化钠标准溶液的配制与标定”	
2	酚酞溶液	浓度：1%	称取1g酚酞，溶于60mL 95%乙醇中，用水稀释至100mL	
3	样品：白醋	—	—	

2．仪器和设备单

序 号	名 称	规格或要求	数 量	备 注
1	容量瓶	250mL	1个	
2	碱式滴定管	25mL或50mL	1支	
3	三角瓶	250mL	3个	
4	移液管	25mL	2根	
5	洗耳球	—	1个	
6	铁架台	—	1个	
7	滤纸条	—	若干	
8	烧杯	100mL	若干	

二、试样的制备

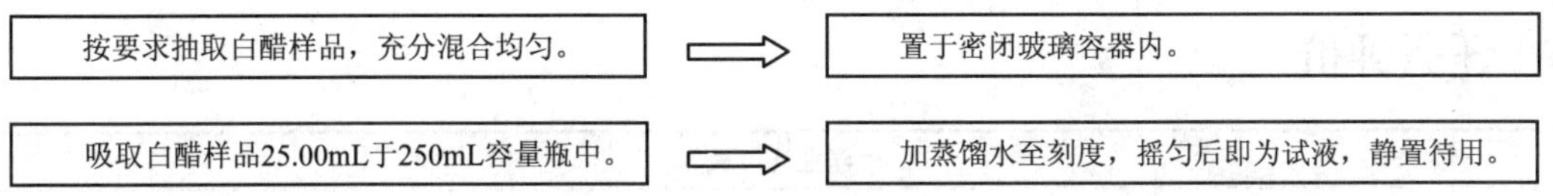

三、滴定

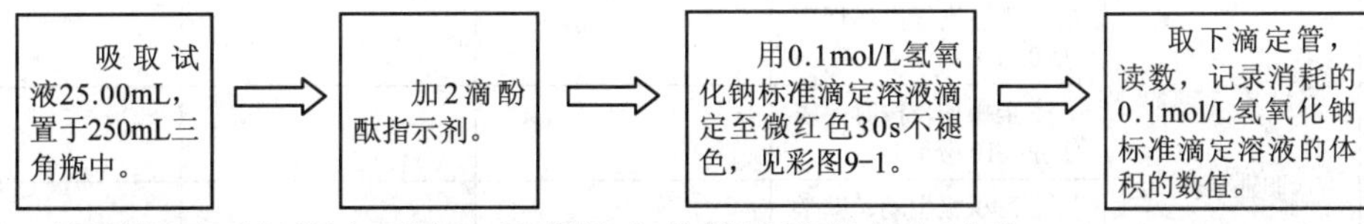

同一被测样品平行测定两次，用蒸馏水代替试液做空白试验。

四、计算与数据处理

1．数据记录及处理

室温______℃，查不同温度下标准滴定溶液的体积的补正值表（附录A）得标准滴定溶液的体积补正值______mL/L；氢氧化钠标准滴定溶液的浓度 c=___________mol/L。

记录项目	1	2	3	空白
白醋样品的体积 V_1/mL				—
消耗氢氧化钠标准滴定溶液的体积/mL				
温度校正后氢氧化钠标准滴定溶液的体积 V、V_0/mL				
样品中总酸的含量 X/（g/mL）				—
平均值/（g/mL）				
极差与平均值之比（%）				

2．结果计算

试样中总酸含量 X，数值以克每毫升（g/mL）表示，按下式进行计算：

$$X=\frac{c\times(V-V_0)\times K}{V_1\times\dfrac{V_2}{V_3}}\times100\%$$

式中　c——氢氧化钠标准滴定溶液浓度的准确数值（mol/L）；

V——滴定试液时消耗氢氧化钠标准滴定溶液的体积的数值（mL）；

V_0——空白试验时消耗氢氧化钠标准滴定溶液的体积的数值（mL）；

V_1——吸取白醋样品的体积的数值（mL）；

V_2——滴定时吸取的试液的体积的数值（mL）；

V_3——样品稀释液总体积的数值（mL）；

K——酸的换算系数，即 1mmol 氢氧化钠相当于主要代表酸的克数。食醋用乙酸表示，K=0.060。

任务评价

学业评价表

序号	项目		学习任务的完成情况评价		
			自评（30%）	小组评（30%）	教师评（40%）
1	职业素养	遵守实验室管理规定，严格执行操作程序（10分）			
2		安全操作，按时完成任务（10分）			
3		学习积极主动、勤学好问（10分）			
4		与人协作，相互配合好（5分）			
5		清洁、整理（5分）			
6	专业能力	能测定食品中总酸的含量（20分）			

（续）

学业评价表					
序　号	项　目		学习任务的完成情况评价		
			自评（30%）	小组评（30%）	教师评（40%）
7	专业能力	操作规范（10分）			
8		数据处理正确（5分）			
9		实验结果准确且精确度高（15分）			
10		认真填写实验报告，且填写正确（10分）			
11	分数合计（100分）				
12	存在的问题及建议				
13	综合评价分数				

帮　助

（1）食品中的酸度通常用总酸度、有效酸度、挥发性酸度、牛乳酸度等来表示。

① 总酸度又称为可滴定酸度，是指食品中所有酸性物质的总量，包括已离解的酸浓度和未离解的酸浓度。总酸度可采用标准碱液来滴定，并以样品中主要代表酸的百分含量表示。

② 有效酸度是指样品中呈离子状态的氢离子的浓度，用pH计进行测定，用pH值表示。

③ 挥发性酸度是指食品中易挥发的有机酸，如乙酸、甲酸及丁酸等低碳链的直链脂肪酸，可用直接法或间接法进行测定。

④ 牛乳酸度有两种酸度，即外表酸度和真实酸度。牛乳的总酸度为外表酸度与真实酸度之和。外表酸度是指刚挤出来的新鲜牛乳本身所具有的酸度，主要源于鲜牛乳中的酪蛋白、白蛋白、柠檬酸盐及磷酸盐等酸性成分。真实酸度又称发酵酸度，是指牛乳在放置过程中，由乳酸菌作用于乳糖产生乳酸而升高的酸度。

（2）酸的换算系数：苹果酸0.067；乙酸0.060；酒石酸0.075；柠檬酸0.064；柠檬酸0.070（含一分子结晶水）；乳酸0.090；盐酸0.036；磷酸0.049。

苹果、核果类果实及其制品，用苹果酸表示；酒类、酒精、食醋等调味品，用乙酸表示；葡萄及其制品，用酒石酸表示；柑橘类果实及其制品，用柠檬酸表示；酱油、乳品、肉类、水产品及其制品，用乳酸表示。

（3）样品取样量及稀释用水量应根据样品中总酸的含量来选择，一般要求滴定时消耗氢氧化钠标准溶液的体积在10～15mL为佳。

（4）本法不适用于有颜色或浑浊的不透明试液，若食品本身具有较深的颜色，终点不易判断，可用以下方法解决：①可加水稀释后再滴定；②用活性炭脱色后再滴定；③与原样液对照判明终点；④用电位滴定法进行测定（pH=8.2）。

（5）同一样品的两次测定值之差不得超过两次测定平均值的2%。

任务9-1-2　饼干中碱度的测定

饼干以其酥松和松脆的口感为人们所喜爱，产生这种口感的原因是在焙烤加工过程中加入化学膨松剂，如碳酸氢钠。碳酸氢钠经烘烤加热产生二氧化碳，在食品内部形成均匀、致密的孔性组织，体积增大，使饼干酥松、松脆、口感好。而碳酸氢钠在产生二氧化碳的同时可产生一定的碳酸钠，碳酸钠生成量过多会影响制品的质量，使制品有碱味，我们可通过测定焙烤食品中的碱度来调节膨松剂的加入量，稳定产品质量。

任务目标

（1）明白食品中碱度的测定原理。

（2）学会用酸碱滴定法测定食品中碱度的操作技术，包括试样的制备、滴定、计算与数据处理。

任务分析

用标准酸液滴定样品中的碱，中和生成盐，用甲基橙做指示剂。当到达滴定终点时，根据消耗的标准酸液的体积，计算出样品中碱的含量。根据这一原理，把学习任务分为：

（1）试样的制备。

（2）滴定。

（3）计算与数据处理。

任务实施

（参考 GB/T 20980—2007）

一、任务准备

1．试剂和材料单

序　号	名　称	规格或要求	配 制 方 法	备　注
1	盐酸标准滴定溶液	浓度：0.05mol/L	参考“任务 6-2　盐酸标准溶液的配制与标定”	
2	甲基橙指示剂	浓度：1%	称取甲基橙 0.1g，溶于 70℃的蒸馏水中，冷却，稀释至 100mL	
3	样品：饼干	—	—	

2．仪器和设备单

序　号	名　称	规格或要求	数　量	备　注
1	酸式滴定管	25mL 或 50mL	1 根	
2	三角瓶	250mL	3 个	
3	移液管	50mL	2 根	
4	洗耳球	—	1 个	
5	铁架台	—	1 个	
6	蝴蝶夹	—	1 个	
7	研钵	—	1 套	
8	容量瓶	250mL	1 个	

（续）

序　号	名　　称	规格或要求	数　　量	备　　注
9	玻璃棒	—	1根	
10	漏斗	—	1个	
11	滤纸	定量滤纸	1张	
12	滤纸条	—	若干	
13	烧杯	100mL	若干	

二、试样的制备

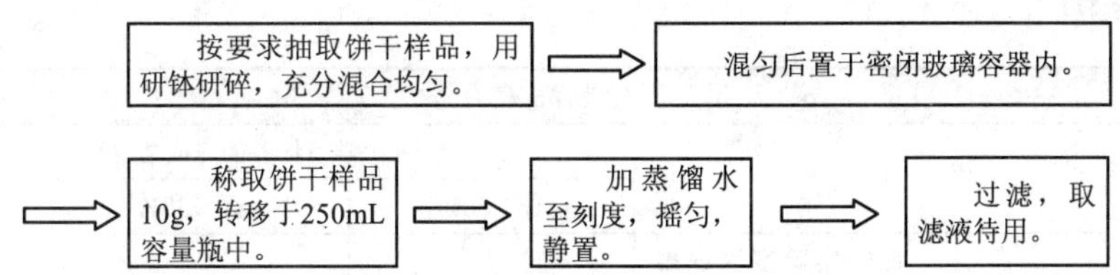

三、滴定

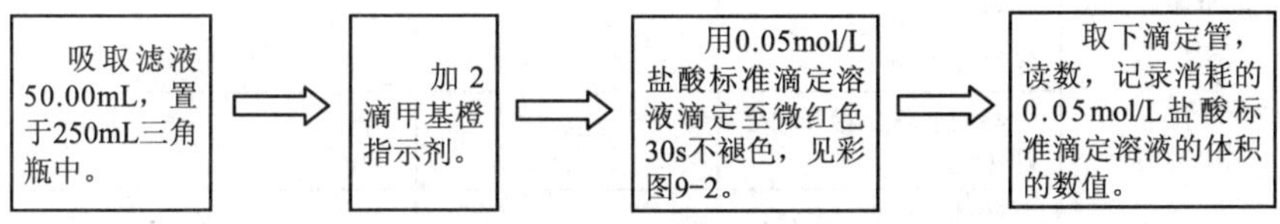

同一被测样品平行测定两次，用蒸馏水代替试液做空白试验。

四、计算与数据处理

1．数据记录及处理

室温______℃，查不同温度下标准滴定溶液的体积的补正值表（附录A）得标准滴定溶液的体积补正值______mL/L；盐酸标准滴定溶液的浓度 c=______mol/L。

记录项目	1	2	3	空　白
饼干样品的质量 m/g				—
消耗盐酸标准滴定溶液的体积/mL				
温度校正后盐酸标准滴定溶液的体积 V_1、V_0/mL				
样品中的碱度 X/（g/100g）				—
平均值/（g/100g）				
极差与平均值之比（%）				

2．结果计算

试样中的碱度 X，数值以100g试样中所含碳酸钠的克数（g/100g）表示，按下式进行计算：

$$X=\frac{c\times(V_1-V_0)\times0.053\times K}{m}\times100$$

式中 c——盐酸标准滴定溶液浓度的准确数值（mol/L）；

V_1——滴定试液时消耗盐酸标准滴定溶液的体积的数值（mL）；

V_0——空白试验时消耗盐酸标准滴定溶液的体积的数值（mL）；

K——稀释倍数；

m——样品的质量（g）。

任务评价

学业评价表

序号	项目		学习任务的完成情况评价		
			自评（30%）	小组评（30%）	教师评（40%）
1	职业素养	遵守实验室管理规定，严格执行操作程序（10分）			
2		安全操作，按时完成任务（10分）			
3		学习积极主动、勤学好问（10分）			
4		与人协作，相互配合好（5分）			
5		清洁、整理（5分）			
6	专业能力	能测定食品的碱度（20分）			
7		操作规范（10分）			
8		数据处理正确（5分）			
9		实验结果准确且精确度高（15分）			
10		认真填写实验报告，且填写正确（10分）			
11	分数合计（100分）				
12	存在的问题及建议				
13	综合评价分数				

帮　助

（1）试液的制备中，过滤时要注意“一贴、二低、三接触”：

① 要将滤纸紧贴漏斗内壁。

② 滤纸边缘要低于漏斗边缘，过滤时液体液面要低于滤纸边缘。

③ 漏斗最下端要接触烧杯内壁，引流的玻璃棒下端要接触滤纸的三层一面，倾倒液体的烧杯要接触引流的玻璃棒。注意弃去初滤液，否则影响过滤质量。

（2）同一样品的两次测定值之差，不得超过两次测定平均值的2%。

任务 9-1-3 酱油中氨基酸态氮的测定——电位滴定法

“开门七件事，柴米油盐酱醋茶。”作为人们日常生活所必需的七样东西之一，酱在食物的烹调中起提味、提鲜和提色作用。酱是以豆类、小麦粉、水果、肉类或鱼虾等为主要原料加工而成的糊状调味品。酱起源于中国，有着悠久的历史。其中，酱油最常见于厨房中，酱油可口的味道和营养成分主要来源于氨基酸，因此通常根据氨基酸态氮含量的多少来评定酱油的质量。

任务目标

（1）明白电位滴定法测定氨基酸态氮的原理。

（2）学会电位滴定法测定氨基酸态氮的操作技术，包括试样的制备、滴定、计算与数据处理等。

任务分析

利用氨基酸的两性作用，加入甲醛固定氨基酸中氨基的碱性，使羧基显示出酸性，将酸度计电极插入被测液中构成电池，用氢氧化钠标准溶液滴定，根据酸度计指示的 pH 值判断和控制滴定终点。根据这一原理，把学习任务分为：

（1）试样的制备。

（2）滴定。

（3）计算与数据处理。

任务实施

（参考 GB 18186—2000、GB/T 5009.39—2003）

一、任务准备

1. 试剂和材料单

序　号	名　称	规格或要求	配 制 方 法	备　注
1	氢氧化钠标准滴定溶液	浓度：0.05mol/L	参考“任务 6-1　氢氧化钠标准溶液的配制与标定”	
2	中性甲醛溶液	36%，不含有聚合物	参考“任务 5　一般溶液的配制”	
3	样品：酱油	—	—	

2. 仪器和设备单

序　号	名　称	规格或要求	数　量	备　注
1	碱式滴定管	10mL 或 25mL	1 根	
2	吸量管	5mL	1 根	
3	吸量管	10mL	1 根	
4	移液管	20mL	2 根	

（续）

序　号	名　称	规格或要求	数　量	备　注
5	洗耳球	—	1个	
6	容量瓶	100mL	1个	
7	量筒	50mL 或 100mL	1个	
8	铁架台	—	1个	
9	蝴蝶夹	—	1个	
10	滤纸条	—	若干	
11	洗瓶	—	1个	
12	烧杯	100mL	若干	
13	酸度计	—	1台	
14	磁力搅拌器	—	1台	

二、试样的制备

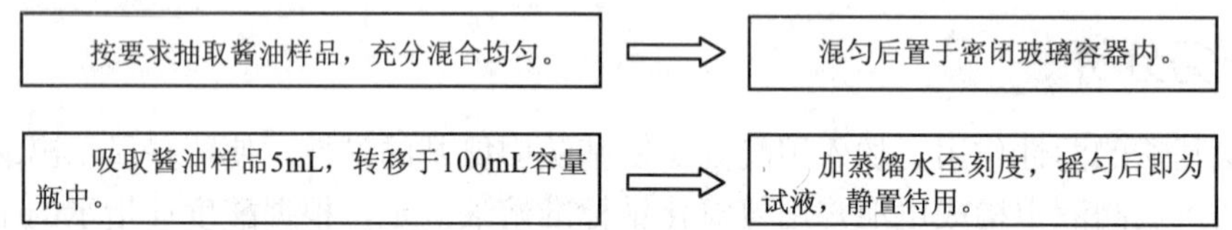

三、滴定

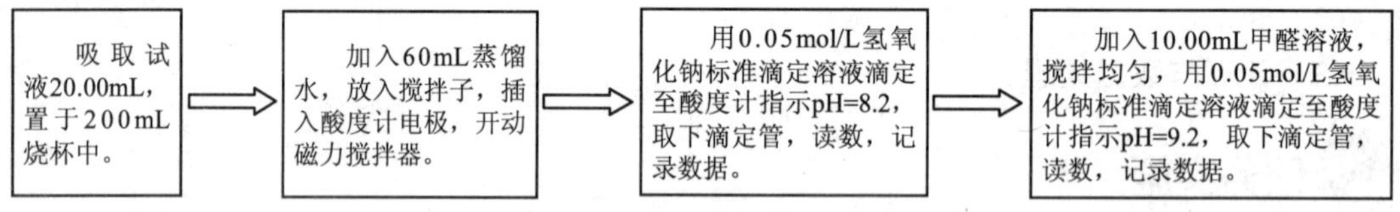

同一被测样品平行测定两次，用蒸馏水代替试液做空白试验。

四、计算与数据处理

1. 数据记录及处理

室温______℃，查不同温度下标准滴定溶液的体积的补正值表（附录 A）得标准滴定溶液的体积补正值______mL/L；氢氧化钠标准滴定溶液的浓度 c=___________mol/L。

记录项目	1	2	3	空　白
样品稀释液用量 V_2/mL				—
加入甲醛后消耗氢氧化钠标准滴定溶液的体积/mL				
温度校正后消耗氢氧化钠标准滴定溶液的体积 V_1、V_0/mL				
样品中氨基酸态氮的含量 X/（g/100mL）				—
平均值/（g/100mL）				
极差与平均值之比（%）				

2．结果计算

试样中氨基酸态氮含量 X（以氮计），数值以克每一百毫升（g/100mL）表示，按下式进行计算：

$$X=\frac{c\times(V_1-V_0)\times0.014}{V_2\times\frac{5}{100}}\times100$$

式中　c——氢氧化钠标准滴定溶液浓度的准确数值（mol/L）；

V_0——空白试验时，加入甲醛后消耗氢氧化钠标准滴定溶液的体积的数值（mL）；

V_1——样品稀释液在加入甲醛后消耗氢氧化钠标准滴定溶液的体积的数值（mL）；

V_2——样品稀释液用量（mL）；

0.014——1.00mL 氢氧化钠标准滴定溶液相当于氮的质量（g）。

计算结果保留两位有效数字。

任务评价

学业评价表

序　号	项　目		学习任务的完成情况评价		
			自评（30%）	小组评（30%）	教师评（40%）
1	职业素养	遵守实验室管理规定，严格执行操作程序（10分）			
2		安全操作，按时完成任务（10分）			
3		学习积极主动、勤学好问（10分）			
4		与人协作，相互配合好（5分）			
5		清洁、整理（5分）			
6	专业能力	能测定食品中氨基酸态氮的含量（20分）			
7		操作规范（10分）			
8		数据处理正确（5分）			
9		实验结果准确且精确度高（15分）			
10		认真填写实验报告，且填写正确（10分）			
11	分数合计（100分）				
12	存在的问题及建议				
13	综合评价分数				

帮　助

（1）允许差：同一样品平行试验的测定差不得超过 0.03g/100mL。

（2）用氢氧化钠标准溶液滴定酱油试液，滴定至酸度计指示 pH 为 8.2 时，记录消耗的氢氧化钠标准溶液的体积，可按总酸的计算公式，计算出酱油的总酸含量。

（3）酱油中氨基酸态氮的测定第二法——比色法：在 pH=4.8 的乙酸钠乙酸缓冲液中，氨基酸态氮与乙酰丙酮和甲醛反应生成黄色的 3,5-二乙酰-2,6－二甲基-1,4 二氢化吡啶氨基酸衍生物。在波长 400nm 处测定吸光度，与标准系列比较定量。

任务 9-1-4　脱脂奶粉中蛋白质的测定——凯氏定氮法

蛋白质是生命的物质基础，没有蛋白质就没有生命。蛋白质由氨基酸组成，正常人体中蛋白质占体重的 16%～19%，是人体酶、运输载体、抗体、激素、肌腱、韧带、头发、指甲等的组成成分。人体可通过肉类、乳类、蛋类、干豆类、硬果类和谷类摄入蛋白质，蛋白质摄入不足或摄入过剩是衡量人体营养摄入是否均衡的重要指标。随着经济的发展，人们越发地关注健康，关注食品中各成分的组成，测定食品中蛋白质含量对评价食品营养价值的高低、指导人们日常膳食搭配具有重要意义。

任务目标

（1）明白凯氏定氮法测定蛋白质的原理。

（2）学会凯氏定氮法测蛋白质的操作技术，包括样品的消化、蒸馏、滴定及蛋白质含量计算等。

任务分析

食品中的蛋白质在催化加热条件下被分解，产生的氨与硫酸结合生成硫酸铵。碱化蒸馏使氨游离，用硼酸吸收后以硫酸或盐酸标准滴定溶液滴定，根据酸的消耗量乘以换算系数，即为蛋白质的含量。根据这一原理，把学习任务分为：

（1）样品消化。

（2）蒸馏和滴定。

（3）计算与数据处理。

任务实施

（参考 GB 5009.5—2010）

一、任务准备

1. 试剂和材料单

序　号	名　称	规格或要求	配 制 方 法	备　注
1	硫酸铜（$CuSO_4 \cdot 5H_2O$）	分析纯	—	
2	硫酸钾（K_2SO_4）	分析纯	—	
3	浓硫酸（H_2SO_4）	分析纯且 密度为1.84g/L	—	
4	硼酸溶液	浓度：20g/L	称取20g硼酸，加水溶解后并稀释至1000mL	
5	氢氧化钠溶液	浓度：400g/L	称取40g氢氧化钠加水溶解后，放冷，稀释至100 mL	
6	盐酸标准滴定溶液	0.05mol/L	参考“任务6-2　盐酸标准溶液的配置与标定”	
7	甲基红乙醇溶液	浓度：1g/L	称取0.1g甲基红，溶于95%乙醇，用95%乙醇稀释至100mL	
8	溴甲酚绿乙醇溶液	浓度：1g/L	称取0.1g溴甲酚绿，溶于95%乙醇，用95%乙醇稀释至100mL	
9	混合指示液	按比例混合	1份甲基红乙醇溶液与5份溴甲酚绿乙醇溶液临用时混合	
10	水	三级水	—	
11	样品：脱脂奶粉	—	—	

2. 仪器和设备单

序　号	名　称	规　格	数　量	备　注
1	凯氏烧瓶	250mL	1个	
2	改良式微量定氮蒸馏装置	—	1套	
3	酸式滴定管	25mL或50mL	1根	
4	三角瓶	150mL	3个	
5	万用电炉	电子调节	1台	
6	铁架台	—	1个	
7	铁圈	—	1个	
8	石棉网	—	1块	
9	万用夹	—	1个	
10	止水夹	—	5个	
11	乳胶管	—	若干	
12	烧杯	100mL	若干	
13	电子天平	感量为1mg	1台	

二、样品消化

称取充分混匀的脱脂奶粉 2g，精确至0.001g。

称量后的样品移入干燥的500 mL 定氮瓶中，加入0.2g 硫酸铜、6g 硫酸钾及20 mL 硫酸。

轻摇后于瓶口放一小漏斗，将瓶以45° 角斜支于有小孔的石棉网上（见图9-1）。小心加热，待内容物全部炭化，泡沫完全停止后，加强火力，并保持瓶内液体微沸，至液体呈蓝绿色并澄清透明后，再继续加热0.5～1 h。

在通风柜中进行。

取下放冷，小心加入20mL水。放冷后，移入100 mL 容量瓶中，并用少量水洗定氮瓶，洗液并入容量瓶中，再加水至刻度，混匀备用。

同时做试剂空白试验。

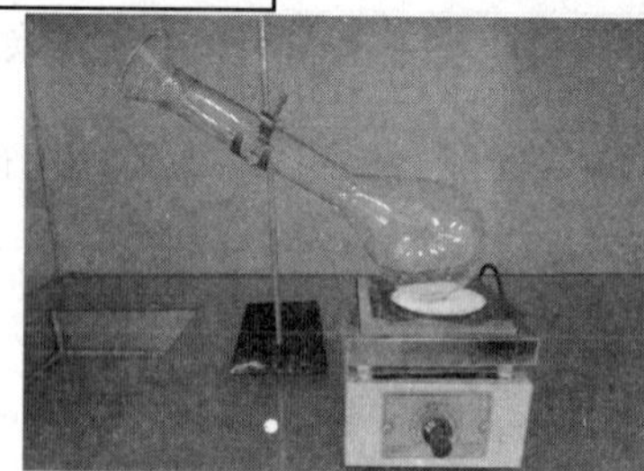

图 9-1 样品消化装置

三、蒸馏和滴定

1. 改良式微量定氮蒸馏装置的安装（见图 9-2）

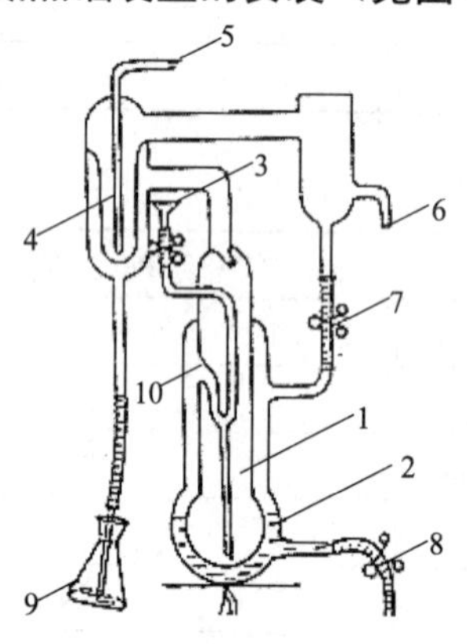

1. 反应室
2. 蒸汽发生室
3. 加样口的小漏斗
4. 冷凝器
5. 自来水进口
6. 自来水出口
7. 蒸汽发生室加水口
8. 废液排出口
9. 接收瓶
10. 出样口

图 9-2 改良式微量定氮蒸馏装置平面图

2. 实验操作

向接收瓶内加入10.0 mL 硼酸溶液及1～2 滴混合指示液，并使冷凝管的下端插入液面下。

根据试样中氮含量，准确吸取10.0 mL 消化液由小漏斗注入反应室，以10 mL水洗涤小漏斗并使之流入反应室内，立即夹紧小漏斗下的橡胶管。

将10.0 mL 氢氧化钠溶液倒入小漏斗，使其流入反应室。打开自来水开关，开始加热蒸馏。

蒸馏30 min 后移动蒸馏液接收瓶，使液面离开冷凝管下端，再蒸馏1min。然后用少量水冲洗冷凝管下端外部，取下蒸馏液接收瓶。关电炉，稍冷却后关自来水。

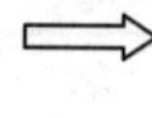

以盐酸标准滴定溶液滴定，由蓝绿色变为酒红色即为终点，见彩图9-3。

同时作试剂空白实验。

四、计算与数据处理

1. 数据记录及处理

室温______℃，查不同温度下标准滴定溶液的体积的补正值表（附录A）得标准滴定溶液的体积补正值______mL/L；盐酸标准溶液浓度 c=____________mol/L。

记录项目	1	2	3	空白
样品质量 m/g				—
消耗盐酸标准滴定液的体积/mL				
温度校正后盐酸标准滴定液的体积 V_1、V_2/mL				
吸取消化液的体积 V_3/mL				
试样中蛋白质含量 X/（g/100g）				—
平均值/（g/100g）				
极差与平均值之比（%）				

2. 结果计算

试样中蛋白质含量 X，数值以克每百克（g/100g）表示，按下式进行计算：

$$X=\frac{(V_1-V_2)\times c\times 0.0140}{m\times V_3/100}\times F\times 100$$

式中 V_1——试液消耗盐酸标准滴定液的体积（mL）；

V_2——试剂空白消耗盐酸标准滴定液的体积（mL）；

V_3——吸取消化液的体积（mL）；

c——盐酸标准滴定溶液浓度（mol/L）；

0.014 0——1.0 mL 盐酸（c=1.000 mol/L）标准滴定溶液相当的氮的质量（g）；

m——试样的质量（g）；

F——氮换算为蛋白质的系数，纯乳与纯乳制品为6.38。

蛋白质含量≥1g/100g时，结果保留三位有效数字；蛋白质含量＜1g/100g时，结果保留两位有效数字。

3. 精密度

在重复性条件下获得的两次独立测定结果的绝对差值不得超过算术平均值10%。

任务评价

学业评价表					
序号	项目		学习任务的完成情况评价		
			自评（30%）	小组评（30%）	教师评（40%）
1	职业素养	遵守实验室管理规定，严格执行操作程序（10分）			

（续）

学业评价表					
序　号	项　目		学习任务的完成情况评价		
			自评（30%）	小组评（30%）	教师评（40%）
2	职业素养	安全操作，按时完成任务（10分）			
3		学习积极主动、勤学好问（10分）			
4		与人协作，相互配合好（5分）			
5		清洁、整理（5分）			
6	专业能力	能测定食品中蛋白质的含量（20分）			
7		操作规范（10分）			
8		数据处理正确（5分）			
9		实验结果准确且精确度高（15分）			
10		认真填写实验报告，且填写正确（10分）			
11	分数合计（100分）				
12	存在的问题及建议				
13	综合评价分数				

帮　助

（1）本法也适用于半固体试样以及液体试样检测。半固体试样一般取样范围为 2.00～5.00g；液体试样取样范围为 10.0～25.0g（约相当于 30～40mg 氮）。

（2）消化时，若样品含糖高或含脂肪较多时，注意控制加热温度，以免大量泡沫喷出凯氏烧瓶，造成样品损失。可加入少量辛醇、液体石蜡或硅消泡剂减少泡沫产生。

（3）消化时应注意旋转凯氏烧瓶，将附在瓶壁上的碳粒冲下，使样品彻底消化。若样品不易消化至澄清透明，可将凯氏烧瓶中溶液冷却，加入数滴过氧化氢后，再继续加热消化至完全。

（4）硼酸吸收液的温度不应超过 40℃，否则氨吸收减弱，造成检测结果偏低。防止温度过高可把接收瓶置于冷水浴中。

（5）消化时加入硫酸钾可以提高溶液的沸点而加快有机物分解，它与硫酸作用生成硫酸氢钾可提高反应温度，一般纯硫酸的沸点在 340℃左右，而添加硫酸钾后，可使沸点提高至 400℃以上。

（6）一般消化至呈透明后，继续消化 30min 即可，但当含有特别难以氨化的氮化合物的样品，如含赖氨酸或组氨酸时，消化时间需适当延长。有机物如分解完全，分解液呈蓝色或浅蓝色。但含铁量多时，呈较深绿色。

（7）经过科学家的测定，一般食品的蛋白质含氮量基本都在 15%～17%之间，平均含量为16%，由氮折算成蛋白质的换算系数为6.25。已知的一些食品，经过测定之后，由氮折算成蛋白质的换算系数存在一些差异，具体的一些已知食品其由氮折算成蛋白质的换算系数为：纯乳与纯乳制品为6.38；面粉为5.70；玉米、高粱为6.24；花生为5.46；大米为5.95；大豆及其粗加工制品为5.71；大豆蛋白制品为6.25；肉与肉制品为6.25；大麦、小米、燕麦、裸麦为5.83；芝麻、向日葵为5.30；复合配方食品为6.25。本实验测定脱脂奶粉的蛋白质含量，脱脂奶粉为纯乳制品，其氮折算成蛋白质的换算系数为6.38。

（8）凯氏定氮法是基于食品中蛋白质的测定，因此其只适用于蛋白质含氮的测定，不适用于添加无机含氮物质、有机非蛋白质含氮物质的食品测定。

（9）食品中蛋白质的测定方法有凯氏定氮法、分光光度法、燃烧法。凯氏定氮法和分光光度法适用于各种食品中蛋白质的测定。燃烧法适用于蛋白质含量在10g/100g以上的粮食、豆类、奶粉、米粉、蛋白质粉等固体试样的筛选测定。

任务9-1-5　白酒中总酯的测定

我国是酒的故乡，也是酒文化的发源地，是世界上酿酒最早的国家之一。酒的酿造，在我国已有相当悠久的历史。酒文化在中国文化中有其独特的地位，几乎渗透到社会生活中各个领域。酒以其独特的香味让饮者回味无穷，而酯是酒的主要香味成分。白酒中酯的成分极为复杂，不同类型的酒，其所含主体香型的酯有很大的区别。酯是酒的重要质量指标，总酯的含量常以乙酸乙酯表示。

任务目标

（1）明白食品中总酯的测定原理。

（2）学会测定食品中总酯含量的操作技术，包括中和酸、回流皂化、返滴定、计算与数据处理。

任务分析

先用碱中和白酒中的游离酸，再准确加入一定量的碱，加热回流使酯类皂化，过量的碱再用酸进行返滴定，通过消耗碱的量计算出总酯的含量。根据这一原理，把学习任务分为：

（1）中和酸。

（2）回流皂化。

（3）返滴定。

（4）计算与数据处理。

任务实施

（参考GB/T 10345—2007）

一、任务准备

1. 试剂和材料单

序号	名称	规格或要求	配制方法	备注
1	氢氧化钠标准滴定溶液	浓度：0.1mol/L	参考"任务 6-1 氢氧化钠标准溶液的配制与标定"	
2	酚酞指示剂	浓度：1%	称取 1g 酚酞，溶于 60mL 95%乙醇中，用水稀释至 100mL	
3	硫酸标准滴定溶液	浓度：0.1mol/L	参考 GB/T 601—2002《化学试剂 标准滴定溶液的制备》	
4	乙醇（无酯）溶液	浓度：40%	量取 95%乙醇 600mL 于 1000mL 回流瓶中，加 3.5mol/L 氢氧化钠标准溶液 5mL，加热回流皂化 1h，移入蒸馏器中重蒸，再配成 40%（体积分数）乙醇溶液	
5	样品：白酒	—	—	

2. 仪器和设备单

序号	名称	规格	数量	备注
1	碱式滴定管	25mL 或 50mL	1 根	
2	回流装置	250mL 回流瓶，冷凝管不短于 45cm，万用夹 2 个，乳胶管适量	1 套	
3	移液管	25mL	1 根	
4	移液管	50mL	1 根	
5	洗耳球	—	1 个	
6	铁架台	—	1 个	
7	蝴蝶夹	—	1 个	
8	滤纸条	—	若干	
9	烧杯	100mL	若干	
10	沸石或玻璃珠	—	数颗	
11	恒温水浴锅	—	1 台	

二、中和酸

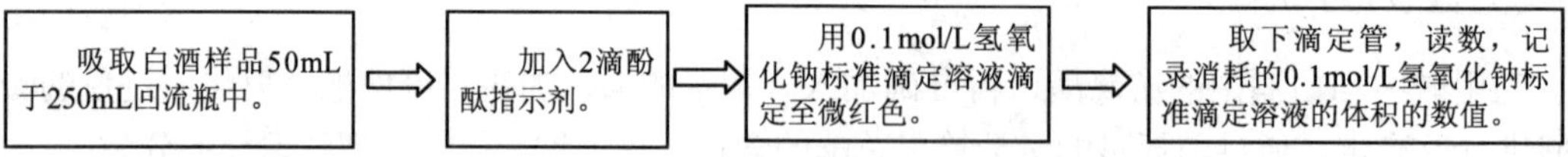

三、回流皂化

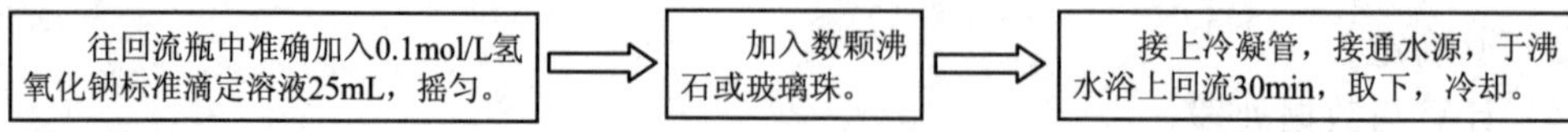

四、返滴定

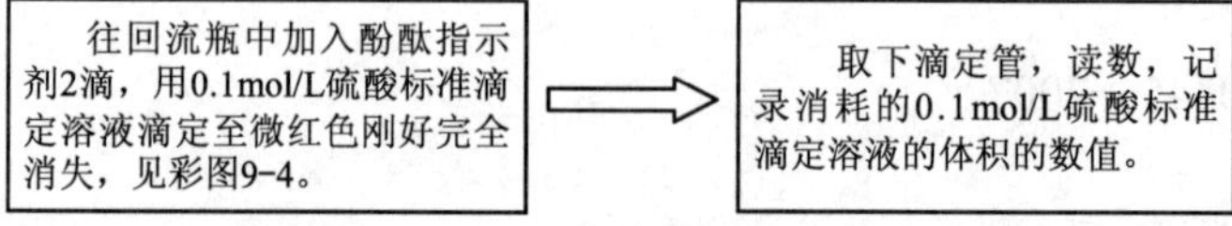

同一被测样品平行测定两次，用乙醇（无酯）溶液代替样液做空白试验。

五、计算与数据处理

1．数据记录及处理

室温______℃，查不同温度下标准滴定溶液的体积的补正值表（附录 A）得标准滴定溶液的体积补正值______mL/L；硫酸标准滴定溶液的浓度 c=__________mol/L。

记录项目	1	2	3	空白
白醋样品的体积/mL				—
消耗硫酸标准滴定溶液的体积/mL				
温度校正后硫酸标准滴定溶液的体积 V_0、V_1/mL				
样品中总酯的含量 X/（g/L）				—
平均值/（g/L）				
极差与平均值之比（%）				

2．结果计算

试样中总酯的质量浓度 X，数值以克每升（g/L）表示，按下式进行计算：

$$X=\frac{c\times(V_0-V_1)\times 88}{50.0}$$

式中　c——硫酸标准滴定溶液浓度的准确数值（mol/L）；

V_0——空白试验时样品消耗硫酸标准滴定溶液的体积的数值（mL）；

V_1——样品消耗硫酸标准滴定溶液的体积的数值（mL）；

88——乙酸乙酯的摩尔质量的数值（g/mol）；

50.0——吸取样品的体积（mL）。

任务评价

学业评价表

序号	项目		学习任务的完成情况评价		
			自评（30%）	小组评（30%）	教师评（40%）
1	职业素养	遵守实验室管理规定，严格操作程序（10 分）			
2		安全操作，按时完成任务（10 分）			
3		学习积极主动、勤学好问（10 分）			
4		与人协作，相互配合好（5 分）			
5		清洁、整理（5 分）			
6	专业能力	能测定白酒中的总酯含量（20 分）			

（续）

学业评价表					
序　号	项　目		学习任务的完成情况评价		
			自评（30%）	小组评（30%）	教师评（40%）
7	专业能力	操作规范（10 分）			
8		数据处理正确（5 分）			
9		实验结果准确且精确度高（15 分）			
10		认真填写实验报告，且填写正确（10 分）			
11	分数合计（100 分）				
12	存在的问题及建议				
13	综合评价分数				

帮　助

（1）在重复性条件下获得的两次独立测定结果的绝对差值不应超过平均值的 2%。

（2）用氢氧化钠中和白酒中的酸时，加碱勿过量，过量会影响实验结果，可根据中和酸所消耗的氢氧化钠的体积计算白酒中总酸的含量。

（3）若测定有色酒，可用电位滴定法测定，利用 pH 值的变化指示终点。

（4）回流皂化时，冷却水温度宜低于 15℃，回流时间以溶液沸腾后冷凝管滴下第一滴冷却水起计时，回流 30min。

任务 9-1-6　广式腊肠中酸价的测定

广式腊肠是中国腌腊肉制品的典型代表之一。它是以猪肉为主要原料，将瘦肉粗绞、肥膘切丁后，配以辅料，灌入天然肠衣或人造肠衣，再经晾晒或烘烤而成。由于广式腊肠中含有较多的脂肪，而且广东处于高热高湿环境，因此广式腊肠在加工、贮藏和销售过程中极易出现酸价升高甚至超标的情况，严重影响了产品的质量。酸价是我国国家标准中的一项强制性质量指标。酸价反映了脂肪的酸败程度。下面以广式腊肠中酸价的测定为例，学习食品中酸价的测定方法。

任务目标

（1）明白肉制品中酸价测定的原理。

（2）学会肉制品中酸价测定的操作技术，包括样品的取样处理、滴定测量及酸价计算等。

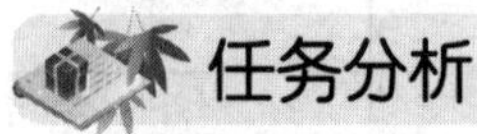

任务分析

滴定法测广式腊肠中的酸价的原理是：广式腊肠中的游离脂肪酸用氢氧化钾标准溶液滴

定，每克油脂消耗氢氧化钾的毫克数，称为酸价，它是检验油脂中游离脂肪酸含量多少的一项指标。根据这一原理，把学习任务分为：

（1）样品处理。

（2）滴定。

（3）计算与数据处理。

任务实施

（参考 GB/T 5009.37—2003）

一、任务准备

1．试剂单

序号	名称	规格或要求	配制方法	备注
1	乙醚-乙醇混合液	2+1	按乙醚-乙醇（2+1）混合，用氢氧化钾溶液 3g/L 中和至酚酞指示液成中性	
2	氢氧化钾标准滴定溶液	*c*（KOH）=0.050 mol/L	—	
3	酚酞指示液	10g/L	称取 1g 酚酞，溶于乙醇（95%），用乙醇（95%）稀释至 100mL	
4	石油醚	30～60℃沸程	—	

2．仪器单

序号	名称	规格或要求	数量	备注
1	碱式滴定管	25mL	1 根	
2	三角瓶	250mL	3 个	
3	具塞三角瓶	500mL	1 个	
4	绞肉机	—	1 台	
5	水浴锅	电子调节	1 台	
6	铁架台	—	1 个	
7	万用夹	—	1 个	
8	石棉网	—	1 块	
9	烧杯	100mL	若干	

二、样品处理

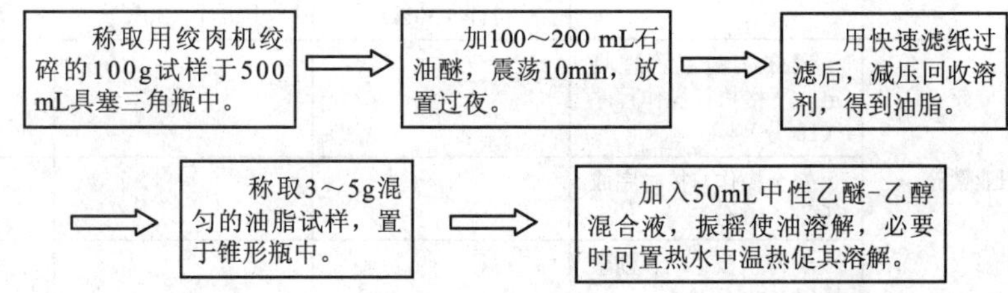

三、样品滴定

试样冷却至室温，加入酚酞指示剂2～3滴。 ⇨ 用氢氧化钾标准滴定溶液（0.05 mol/L）滴定。 ⇨ 至初现红色，且0.5min内不褪色为终点。

四、计算与数据处理

1．数据记录及处理

室温______℃，查不同温度下标准滴定溶液的体积的补正值表（附录A）得标准滴定溶液的体积补正值______mL/L；氢氧化钾标准溶液浓度 c=___________mol/L。

记录项目	1	2	3
试样的质量 m/g			
试样消耗氢氧化钾标准滴定溶液体积/mL			
温度校正后氢氧化钾标准滴定溶液体积 V/mL			
酸价 X/（mg/g）			
平均值/（mg/g）			
极差与平均值之比（%）			

2．结果计算

试样中的酸价 X（以氢氧化钾计），数值以毫克每克（mg/g）表示，按下式进行计算：

$$X=\frac{V\times c\times 56.11}{m}$$

式中 V——试样消耗氢氧化钾标准滴定溶液的体积（mL）；

C——氢氧化钾标准滴定的实际浓度（mol/L）；

M——试样的质量（g）；

56.11——与1.0 mL氢氧化钾标准滴定溶液（c=1.000 mol/L）相当的氢氧化钾毫克数。

计算结果保留两位有效数字。

任务评价

学业评价表					
序号	项目		学习任务的完成情况评价		
			自评（30%）	小组评（30%）	教师评（40%）
1	职业素养	遵守实验室管理规定，严格执行操作程序（10分）			
2		安全操作，按时完成任务（10分）			
3		学习积极主动、勤学好问（10分）			

（续）

学业评价表					
序 号	项 目		学习任务的完成情况评价		
			自评（30%）	小组评（30%）	教师评（40%）
4	职业素养	与人协作，相互配合好（5分）			
5		清洁、整理（5分）			
6	专业能力	能测定肉制品中油脂的酸价（20分）			
7		操作规范（10分）			
8		数据处理正确（5分）			
9		实验结果准确且精确度高（15分）			
10		认真填写实验报告，且填写正确（10分）			
11	分数合计（100分）				
12	存在的问题及建议				
13	综合评价分数				

帮 助

（1）在重复性条件下获得两次独立测定结果的绝对差值不得超过算术平均值的10%。

（2）在操作中由于受油样颜色和滴定反应中产生的一些不良现象所影响，会使滴定终点不易辨认和掌握，甚至出现较大误差。为减少这一终点判断误差，可以采取以下措施：在保证试验精确度的前提下，适当减少试样用量，同时适当增加溶剂用量，以稀释油样色素对滴定终点指示的干扰。

（3）在滴定中若出现浑浊现象，可立即在样品溶液中加入95%的中性乙醇致浑浊消失。同时，在滴定之前也要防止将大量水带入样品混合液中，为此需要注意：①对三角瓶等用具应先经干燥处理，或用少量乙醇、乙醚润洗；②可选用稍大浓度的碱标准液滴定，但要防止增加量的量取误差；③选用50%乙醇配制碱标准溶液滴定。

（4）广式腊肠中的酸价以KOH（mg/g）计应小于等于4（SB/T 10003—92）。

（5）其他测定酸价的方法有油脂酸价测定仪法、快速中和法、标准色板法。

任务9-2 配 位 滴 定

任务9-2-1 软饮料用水的硬度测定——乙二胺四乙酸二钠滴定法

软饮料用水如果硬度过大，易使设备、金属容器产生水垢，玻璃瓶透明度降低，也会造成饮料浑浊、变色、风味变差，还会使其易变质。我国规定，饮用水的总硬度（以 $CaCO_3$

计）应小于 450mg/L，而软饮料用水的总硬度要求小于 100mg/L。自来水的硬度一般只达到饮用水的要求，所以必须先经过软化处理，并经硬度检验才能作为软饮料用水。

任务目标

（1）明白乙二胺四乙酸二钠滴定法测定总硬度的原理。

（2）学会用乙二胺四乙酸二钠滴定法测定软饮料用水总硬度的操作技术，包括试剂的配制和标定、试样的制备、试样滴定及总硬度计算等。

任务分析

乙二胺四乙酸二钠滴定法测定总硬度的原理是：水样中的钙、镁离子与铬黑 T 指示剂形成紫红色螯合物，这些螯合物的不稳定常数大于乙二胺四乙酸钙和镁螯合物的不稳定常数。当 pH=10 时，乙二胺四乙酸二钠先与钙离子，再与镁离子形成螯合物，滴定至终点时，溶液呈现出铬黑 T 指示剂的纯蓝色。根据这一原理，把学习任务分为：

（1）标定 Na_2EDTA 标准溶液。

（2）试样的制备及滴定。

（3）计算与数据处理。

任务实施

（参考 GB/T 5750.4—2006）

一、任务准备

1．试剂单

序　号	名　称	规格或要求	配 制 方 法	备　注
1	缓冲溶液	pH=10	① 称取 16.9g 氯化铵，溶于 143 mL 氨水中 ② 称取 0.780g 硫酸镁及 1.178g 乙二胺四乙酸二钠，溶于 50 mL 纯水中，加入 2mL 氯化铵—氢氧化铵溶液和 5 滴铬黑 T 指示剂，用乙二胺四乙酸二钠标准溶液滴定至溶液由紫红色变为纯蓝色 ③合并①液和②液，并用纯水稀释至 250mL，合并后如溶液又变为紫红色，在计算结果时应扣除试剂空白	
2	硫酸钠溶液	50g/L	称取 5.0g 硫酸钠溶于纯水中，并稀释至 100mL	
3	盐酸羟胺溶液	10g/L	取 1.0g 盐酸羟胺，溶于纯水中，稀释至 100mL	
4	氰化钾溶液	100g/L	称取 1.0g 氰化钾溶于纯水中，并稀释至 100mL	此溶液剧毒
5	盐酸溶液	1+1	取 50mL 浓盐酸，稀释至 100 mL	

（续）

序　号	名　称	规格或要求	配制方法	备　注
6	Na_2EDTA 标准溶液	0.01mol/L	称取 3.72g 乙二胺四乙酸二钠溶解于 1000mL 纯水中，待标定	
7	锌标准溶液	—	称取 0.6～0.7g 纯锌粒，溶于盐酸溶液（1+1）中，置于水浴上温热至完全溶解，移入容量瓶中，定容至 1000mL，并按式 c（Zn）=m/65.39 计算浓度	
8	铬黑 T 指示剂	—	称取 0.5g 铬黑 T（$C_{20}H_{12}O_7N_3SNa$）用乙醇（95%）溶解，并稀释至 100mL，放冰箱保存	
9	氨水	—	—	

2. 仪器单

序　号	名　称	规格或要求	数　量	备　注
1	酸式滴定管	25mL	1 根	
2	三角瓶	150mL	6 个	
3	量筒	10mL	1 个	
4	量筒	100mL	1 个	
5	移液管	25mL	2 根	
6	烧杯	100mL	若干	
7	胶头滴管	—	1 根	
8	洗耳球	—	1 个	
9	铁架台	—	1 台	
10	万用夹	—	1 个	

二、标定 Na_2EDTA 标准溶液

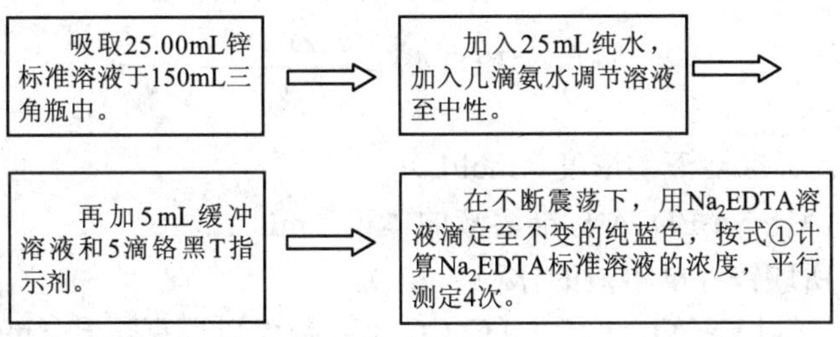

三、试样制备及滴定

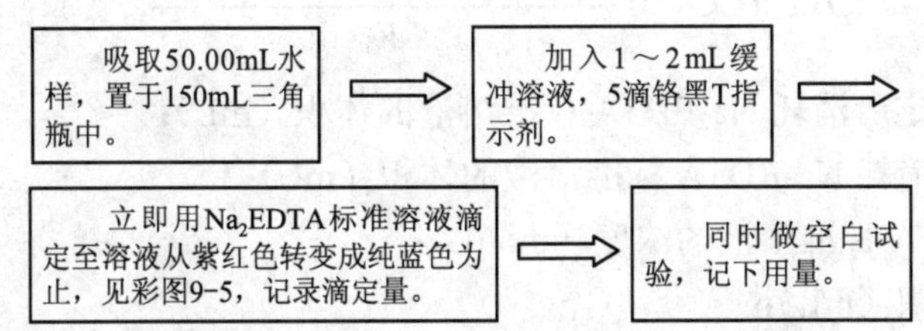

四、计算与数据处理

1．数据记录及处理

（1）标定 Na_2EDTA 标准溶液。

锌标准溶液的浓度 c（Zn）=____________mol/L。

记 录 项 目	1	2	3	4
消耗 Na_2EDTA 溶液的体积 V_1/mL				
所取锌标准溶液的体积 V_2/mL				
Na_2EDTA 标准溶液的浓度 c/（mol/L）				
平均值/（mol/L）				
极差与平均值之比（%）				

（2）试样滴定。

室温______℃，查不同温度下标准滴定溶液的体积的补正值表（附录 A）得标准滴定溶液的体积补正值______mL/L；Na_2EDTA 标准溶液的浓度 c=____________mol/L。

项 目	1	2	3	空 白
消耗 Na_2EDTA 标准溶液的体积/mL				
温度校正后 Na_2EDTA 标准溶液的体积 V_3、V_0/mL				
水样的体积 V/mL				—
总硬度 ρ（$CaCO_3$）/（mg/L）				—
平均值/（mg/L）				
极差与平均值之比（%）				

2．结果计算

（1）Na_2EDTA 标准溶液的浓度 c（Na_2EDTA），数值以摩尔每升（mol/L）表示，按式①计算：

$$c(\mathrm{Na_2EDTA})=\frac{c(\mathrm{Zn})\times V_2}{V_1} \quad ①$$

式中 c（Zn）——锌标准溶液的浓度（mol/L）；

V_1——消耗 Na_2EDTA 标准溶液的体积（mL）；

V_2——所取锌标准溶液的体积（mL）。

（2）试样总硬度（以 $CaCO_3$ 计）ρ（$CaCO_3$），数值以毫克每升（mg/L）表示，按式②计算：

$$\rho(\mathrm{CaCO_3})=\frac{(V_3-V_0)\times c\times 100.09\times 1000}{V} \quad ②$$

式中 V_0——空白滴定所消耗 Na_2EDTA 标准溶液的体积（mL）；

V_3——滴定中消耗 Na_2EDTA 标准溶液的体积（mL）；

C——Na_2EDTA 标准溶液的浓度（mol/L）；

V——水样体积（mL）；

100.09——与 1.00mL Na_2EDTA 标准溶液（c=1.000mol/L）相当的以毫克表示的总硬度（以 $CaCO_3$ 计）。

任务评价

学业评价表

序　号	项　目		学习任务的完成情况评价		
			自评（30%）	小组评（30%）	教师评（40%）
1	职业素养	遵守实验室管理规定，严格执行操作程序（10 分）			
2		安全操作，按时完成任务（10 分）			
3		学习积极主动、勤学好问（10 分）			
4		与人协作，相互配合好（5 分）			
5		清洁、整理（5 分）			
6	专业能力	能测定水的总硬度（20 分）			
7		操作规范（10 分）			
8		数据处理正确（5 分）			
9		实验结果准确且精确度高（15 分）			
10		认真填写实验报告，且填写正确（10 分）			
11	分数合计（100 分）				
12	存在的问题及建议				
13	综合评价分数				

帮　助

（1）在重复性条件下获得的两次独立测定结果的绝对差值不得超过算术平均值的 2%。

（2）本方法适用于生活饮用水及其水源水总硬度的测定。

（3）本法最低检测质量 0.05mg，若取 50mL 水样测定，则最低检测质量浓度为 1.0mg/L。

（4）水的硬度原指沉淀肥皂的程度。使肥皂沉淀的原因主要是由于水中的钙、镁离子，此外，铁、铝、锰、锶及锌也有同样的作用。总硬度可将上述各离子的浓度相加进行计算。此法准确，但比较繁琐，而且在一般情况下钙、镁离子以外的其他金属离子的浓度都很低，所以多采用乙二胺四乙酸二钠滴定法测定钙、镁离子的总量，并经过换算，以每升水中碳酸钙的质量表示。测定值保留一位小数，以重复性条件下获得的三次独立测定结果的算术平均值表示。

（5）本法主要干扰元素铁、锰、铝、铜、镍、钴等金属离子能使指示剂褪色或终点不明显。硫化钠及氰化钾可隐蔽重金属的干扰，盐酸羟胺可使高铁离子及高价锰离子还原为低价离子而消除其干扰。

（6）由于钙离子与铬黑 T 指示剂在滴定到终点时的反应不能呈现出明显的颜色转变，所以当水样中镁含量很少时，需要加入已知量的镁盐，使滴定终点颜色转变清晰，在计算结果时，再减去加入的镁盐量，或者在缓冲溶液中加入少量 MgEDTA，以保证明显的终点。

（7）如果经过测定，发现饮料用水总硬度过高，可通过改变水中溶解性物质的方法进行处理，如硬水软化、离子交换、电渗析、反渗透除盐、矿化等。

（8）若水样中含有金属干扰离子，使滴定终点延迟或颜色变暗，可另取水样，加入 0.5mL 盐酸羟胺及 1mL 硫化钠溶液或 0.5mL 氰化钾溶液再行滴定。

（9）水样中钙、镁的重碳酸盐含量较大时，要预先酸化水样，并加热除去二氧化碳，以防碱化后生成碳酸盐沉淀，影响滴定时反应的进行。

（10）水样中含悬浮性或胶体有机物可影响终点的观察。可预先将水样蒸干并于 550℃灰化，用纯水溶解残渣后再行滴定。

任务 9-2-2 牛奶中钙的测定——EDTA 滴定法

钙是人体重要的微量元素之一，我国推荐每日膳食中钙供给量成年男女为 800～1000mg，孕妇 1000mg，乳母 1500mg。钙缺乏会引起婴幼儿的佝偻病和成年人的骨质软化症及骨质疏松症。在人们的日常生活中，牛奶已经很普及了，常被人们作为补钙的重要途径。但是牛奶中的含钙量是否足够供给我们每天所需要的钙呢？下面以普通牛奶中钙含量测定为例，学习食品中钙的测定方法——EDTA 滴定法。

任务目标

（1）明白 EDTA 滴定法测定钙的原理。

（2）学会用 EDTA 滴定法测定牛奶中钙的操作技术，包括试剂的配制和标定、试样的制备、试样滴定及钙含量计算等。

任务分析

配位滴定法是利用生成稳定配合物的配位反应来进行滴定的分析方法，又称络合滴定法。常用的配位剂是乙二胺四乙酸（EDTA）。EDTA 滴定法测定食品中钙的原理是：钙与氨羧络合剂能定量地形成金属络合物，其稳定性较钙与指示剂所形成的络合物为强。在适当的 pH 值范围内，以氨羧络合剂 EDTA 滴定，在达到当量点时，EDTA 就自指示剂络合物中夺取钙离子，使溶液呈现游离指示剂的颜色（终点）。根据 EDTA 络合剂用量，可计算钙的含量。根据这一原理，把学习任务分为：

（1）标定 EDTA 浓度。

（2）试样消化及测定。

（3）计算与数据处理。

任务实施

（参考 GB/T 5009.92—2003）

一、任务准备

1. 试剂单

序 号	名 称	规格或要求	配 制 方 法	备 注
1	氢氧化钾溶液	1.25mol/L	精确称取 70.13g 氢氧化钾，用水稀释至 1000mL	
2	氰化钠溶液	10g/L	称取 1.0g 氰化钠，用水稀释至 100 mL	
3	柠檬酸钠溶液	0.05mol/L	称取 14.7g 柠檬酸钠（$Na_3C_6H_5O_7 \cdot 2H_2O$），用水稀释至 1000mL	
4	混合酸消化液	硝酸+高氯酸=4+1	用量筒量取 80mL 硝酸与 20mL 高氯酸混合	
5	EDTA 溶液	—	准确称取 4.50g EDTA（乙二胺四乙酸二钠），用水稀释至 1000mL，贮存于聚乙烯瓶中，4℃保存，使用时稀释 10 倍即可	
6	钙标准溶液	0.1mg/mL	准确称取 0.124 8g 碳酸钙（纯度大于 99.99%，105～110℃烘干 2h），加 20mL 水及 3mL 0.5mol/L 盐酸溶液溶解，移入 500mL 容量瓶中，加水稀释至刻度，贮存于聚乙烯瓶中，4℃保存	
7	钙红指示剂	—	称取 0.1g 钙红指示剂（$C_{21}O_7N_2SH_{14}$），用水稀释至 100mL，贮存于冰箱	
8	氧化镧溶液	20g/L	称取 23.45g 氧化镧，先用少量水湿润再加 75mL 盐酸于 1000mL 容量瓶中，加去离子水稀释至刻度	

2. 仪器单

序 号	名 称	规格或要求	数 量	备 注
1	微量滴定管	1mL 或 2mL	1 根	
2	试管	中号	6 根	
3	烧杯	250mL（高型）	1 个	
4	表面皿	—	1 个	
5	刻度试管	10mL	1 根	
6	刻度吸管	0.5mL 或 1mL	1 根	
7	胶头滴管	—	1 根	
8	量筒	10mL	1 个	
9	玻璃棒	—	1 根	

（续）

序　号	名　称	规格或要求	数　量	备　注
10	洗耳球	—	1个	
11	万用电炉	电子调节	1台	
12	铁架台	—	1个	
13	铁圈	—	1个	
14	石棉网	—	1块	
15	万用夹	—	1个	

二、标定EDTA浓度

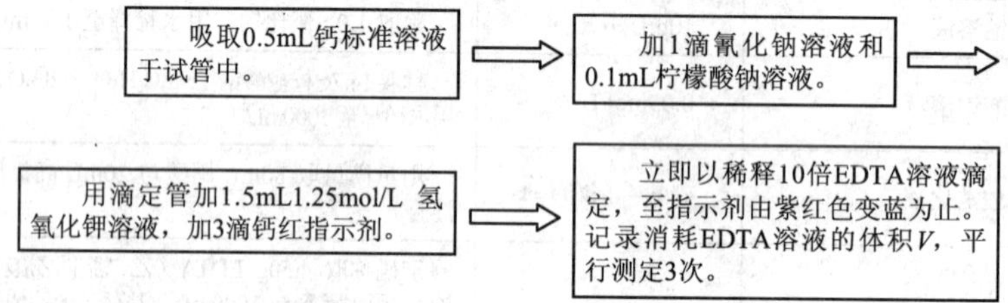

三、试样消化

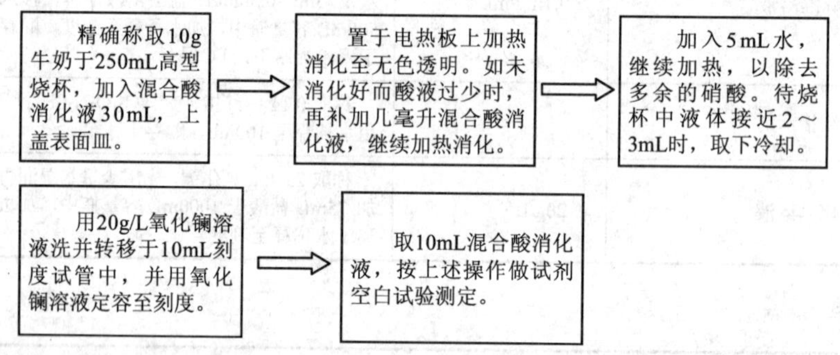

四、试样及空白测定

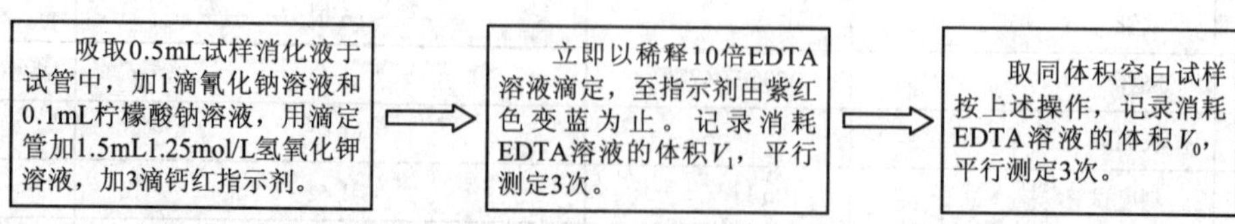

五、计算与数据处理

1．数据记录及处理

（1）EDTA标准溶液标定。

钙标准溶液的浓度 c（Ca）=＿＿＿＿＿＿＿＿mg/mL。

记 录 项 目	1	2	3
吸取钙标准溶液体积 V_1/mL			
滴定时所用 EDTA 量 V_2/mL			
滴定度 T/（mg/mL）			
平均值/（mg/mL）			

（2）试样中钙含量计算。

室温______℃，查不同温度下标准滴定溶液的体积的补正值表（附录 A）得标准滴定溶液的体积补正值__________mL/L。

记 录 项 目	1	2	3	空　白
EDTA 滴定度 T/（mg/mL）				—
试样质量 m/g				—
试样稀释倍数 f				—
消耗 EDTA 量/mL				
温度校正后 EDTA 量 V_3、V_0/mL				
试样中钙含量 X/（mg/100g）				—
平均值/（mg/100g）				
极差与平均值之比（%）				

2．结果计算

（1）EDTA 标准溶液滴定度 T，数值以毫克每升（mg/mL）表示，按下式计算

$$T=\frac{c\times V_1}{V_2}$$

式中　V_1——吸取钙标准溶液体积（mL）；

V_2——滴定时所消耗 EDTA 标准溶液的体积（mL）。

（2）试样中钙含量 X，数值以毫克每百克（mg/100g）表示，按下式计算

$$X=\frac{T\times(V_3-V_0)\times f\times 100}{m}$$

式中　T——EDTA 滴定度（mg/mL）；

V_3——滴定试样时所用 EDTA 量（mL）；

V_0——滴定空白时所用 EDTA 量（mL）；

F——试样稀释倍数；

M——试样质量（g）。

所得结果应表示到小数点后两位。

任务评价

学业评价表

序号	项目		学习任务的完成情况评价		
			自评（30%）	小组评（30%）	教师评（40%）
1	职业素养	遵守实验室管理规定，严格执行操作程序（10 分）			
2		安全操作，按时完成任务（10 分）			
3		学习积极主动、勤学好问（10 分）			
4		与人协作，相互配合好（5 分）			
5		清洁、整理（5 分）			
6	专业能力	能测定食品中的钙含量（20 分）			
7		操作规范（10 分）			
8		数据处理正确（5 分）			
9		实验结果准确且精确度高（15 分）			
10		认真填写实验报告，且填写正确（10 分）			
11	分数合计（100 分）				
12	存在的问题及建议				
13	综合评价分数				

帮　助

（1）在重复性条件下获得两次独立测定结果的绝对差值不得超过算术平均值的 10%。

（2）本方法的检测范围：5～50μg。

任务 9-3　氧化还原滴定

任务 9-3-1　葡萄酒中还原糖含量的测定——直接滴定法

葡萄酒生产过程中，还原糖含量是一个重要的指标。我国葡萄酒中所含的糖主要有蔗糖、葡萄糖和果糖，还原糖是指葡萄糖和果糖的总量。不同类型的葡萄酒含糖量有不同的规定。控制糖含量对葡萄酒生产至关重要，它不仅区分酒的类型，同时又是控制生产、决定工艺的重要参数。

任务目标

（1）明白直接滴定法测定还原糖的原理。

（2）学会直接滴定法测定葡萄酒中还原糖的操作技术，包括试剂的配制和标定、试样的制备、试样滴定及还原糖含量计算等。

任务分析

直接滴定法测定葡萄酒中还原糖的原理是：利用斐林溶液与还原糖共沸，生成氧化亚铜沉淀的反应，以次甲基蓝为指示液，以样品或经水解后的样品滴定煮沸的斐林溶液，达到终点时，稍微过量的还原糖将蓝色的次甲基蓝还原为无色，以示终点。根据样品消耗量求得还原糖的含量。根据这一原理，把学习任务分为：

（1）斐林试剂标定。

（2）试样的制备及滴定。

（3）计算与数据处理。

任务实施

（参考 GB/T 15038—2006）

一、任务准备

1．试剂单

序　号	名　称	规格或要求	配 制 方 法	备　注
1	葡萄糖标准溶液	2.5g/L	称取在 105～108℃烘箱内烘干 3h 并在干燥器中冷却的无水葡萄糖 2.5g（精确至 0.001g），用水溶解并定容至 1000mL	
2	次甲基蓝指示液	10g/L	称取 1.0g 次甲基蓝，用水溶解并定容至 100mL	
3	盐酸溶液	1+1	取 50ml 浓盐酸稀释至 100mL	
4	氢氧化钠溶液	200g/L	称取 20g 氢氧化钠加水溶解后，放冷，并稀释至 100 mL	
5	斐林溶液（Ⅰ）	—	称取 34.7g 硫酸铜（$CuSO_4 \cdot 5H_2O$），溶于水，稀释至 500 mL	
6	斐林溶液（Ⅱ）	—	称取 173g 酒石酸钾钠（$C_4H_4KNaO_6 \cdot 4H_2O$）和 50g 氢氧化钠，溶于水，稀释至 500mL	

2．仪器单

序 号	名 称	规格或要求	数 量	备 注
1	酸式滴定管	25ml	1根	
2	三角瓶	250ml	6个	
3	容量瓶	100mL	1个	
4	吸量管	5mL	2根	
5	吸量管	10mL	2根	
6	烧杯	—	若干	
7	玻璃棒	—	1根	
8	洗耳球	—	1个	
9	万用电炉	电子调节	1台	
10	铁架台	—	1个	
11	铁圈	—	1个	
12	石棉网	—	1块	
13	万用夹	—	1个	

二、斐林试剂标定

1．预备实验

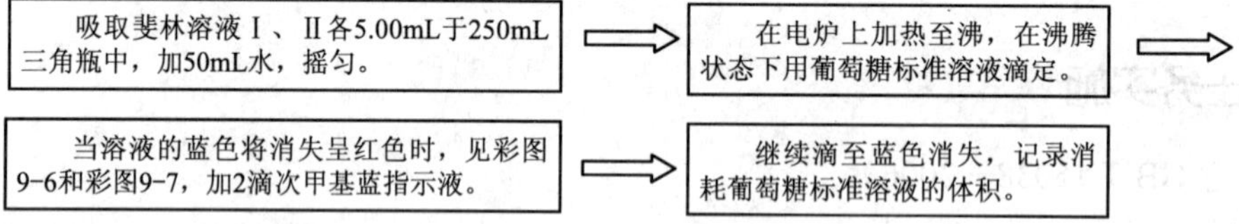

2．正式实验

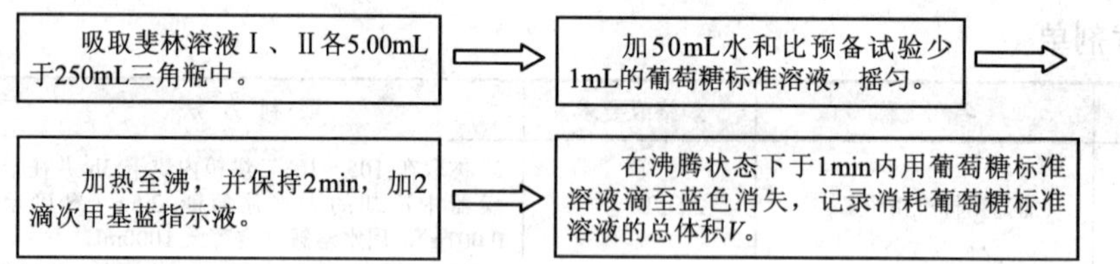

三、试样制备及滴定

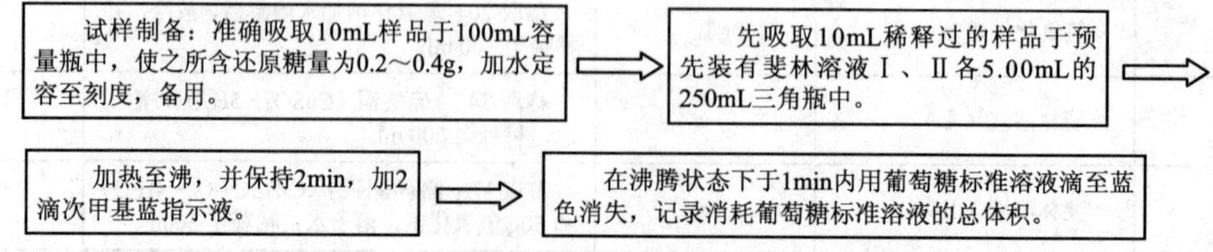

四、计算与数据处理

1. 数据记录及处理

（1）标定

室温______℃，查不同温度下标准滴定溶液的体积的补正值表（附录A）得标准滴定溶液的体积补正值______mL/L。

记 录 项 目	1	2	3
称量皿+无水葡萄糖（1）/g			
称量皿+无水葡萄糖（2）/g			
无水葡萄糖质量 m/g			
消耗葡萄糖标准溶液体积/mL			
温度校正后葡萄糖标准溶液体积 V/mL			
斐林溶液Ⅰ、Ⅱ各5 mL相当于葡萄糖的克数/g			
平均值/g			
极差与平均值之比（%）			

（2）试样滴定（正滴定法）

室温______℃，查不同温度下标准滴定溶液的体积的补正值表（附录A）得标准滴定溶液的体积补正值______mL/L；标准葡萄糖溶液的浓度 c=__________g/mL。

记 录 项 目	1	2	3
吸取样品的体积 V_1/mL			
样品稀释后定容的体积 V_2/mL			
预先加入试样的体积 V_3/mL			
消耗葡萄糖标准溶液体积/mL			
温度校正后葡萄糖标准溶液体积 V_4/mL			
葡萄酒还原糖的含量 X/（g/L）			
平均值/（g/L）			
极差与平均值之比（%）			

2. 结果计算

（1）斐林溶液Ⅰ、Ⅱ各5mL相当于葡萄糖的克数 F，数值以克（g）表示，按下式计算：

$$F=\frac{m}{1000}\times V$$

式中　m——称取无水葡萄糖的质量（g）；

V——消耗葡萄糖标准溶液的总体积（mL）。

（2）干/半干葡萄酒中还原糖的含量 X_1，数值以克每升（g/L）表示，按下式计算：

$$X_1=\frac{F-c\times V}{(V_1/V_2)\times V_3}\times 1000$$

其他葡萄酒中还原糖的含量 X_2，数值以克每升（g/L）表示，按下式计算：

$$X_2=\frac{F}{(V_1/V_2)\times V_3}\times 1000$$

式中 F——斐林溶液Ⅰ、Ⅱ各 5 mL 相当于葡萄糖的克数（g）；

c——葡萄糖标准溶液的浓度（g/mL）；

V_4——消耗葡萄糖标准溶液的体积（mL）；

V_1——吸取样品的体积（mL）；

V_2——样品稀释后或水解定容的体积（mL）；

V_3——消耗试样的体积（mL）。

所得结果应表示至一位小数。

任务评价

学业评价表

序号	项目		学习任务的完成情况评价		
			自评（30%）	小组评（30%）	教师评（40%）
1	职业素养	遵守实验室管理规定，严格执行操作程序（10 分）			
2		安全操作，按时完成任务（10 分）			
3		学习积极主动、勤学好问（10 分）			
4		与人协作，相互配合好（5 分）			
5		清洁、整理（5 分）			
6	专业能力	能测定食品中还原糖的含量（20 分）			
7		操作规范（10 分）			
8		数据处理正确（5 分）			
9		实验结果准确且精确度高（15 分）			
10		认真填写实验报告，且填写正确（10 分）			
11	分数合计（100 分）				
12	存在的问题及建议				
13	综合评价分数				

帮　助

（1）在重复性条件下获得的两次独立测定结果的绝对差值不得超过算术平均值的 2%。

（2）本方法适用各种类型的葡萄酒、果酒中还原糖的测定，以 g/L 报告其结果，测定值保留一位小数。以重复性条件下获得的三次独立测定结果的算术平均值表示。

（3）葡萄糖与斐林溶液的反应非常复杂，而且随反应条件的变化而变化，因此在测定过程中要严格按照所规定的操作条件，如三角瓶规格、加热时间、滴定速度等。

（4）斐林溶液Ⅰ、Ⅱ应分别贮存，用时才混合，否则酒石酸钾钠铜配合物长期在碱性条件下会缓慢分解。

（5）滴定时不能让三角瓶离开热源滴定，须保持反应液沸腾，原因在于：一是可加快还原糖与铜离子的反应速度；二是可防止空气进入反应液，避免次甲基蓝和氧化亚铜被氧化而增加滴定耗糖量，影响反应结果。

（6）进行预备试验的目的：一是可了解样品浓度是否适合，不适合应加以调整，才能提高测定结果准确度；二是可知道滴定大概消耗量，以便在正式试验时，预先加入比实际用量少 1mL 左右的滴定液，以保证在 1min 内完成滴定工作，保证测定的准确度。

（7）其他还原糖测定方法：高锰酸钾滴定法、3，5—二硝基水杨酸比色法。

任务 9-3-2　葡萄酒中二氧化硫含量的测定——直接碘量法

葡萄酒在酿造过程中添加了二氧化硫来防腐、抗氧化。二氧化硫对葡萄酒的主要作用包括两种：一是可以杀死葡萄皮表面的杂菌，二是在保护酒液的天然水果特性的同时防止酒液老化。如果没有二氧化硫，所有的葡萄酒都将会在短短的几个月之内坏掉。尽管二氧化硫对葡萄酒的酿制有很大作用，但不可忽略的是，二氧化硫含量过高时会使葡萄酒产生如腐蛋般的难闻气味，人体饮用后会引起急性中毒，严重的还可能引起肺水肿、窒息、昏迷。因此，葡萄酒中的二氧化硫含量一直属于葡萄酒检测中要严格监控的检测项目。

任务目标

（1）明白直接碘量法测定二氧化硫的原理。

（2）学会直接碘量法测定葡萄酒中二氧化硫的操作技术，包括试剂的配制和标定、试样的制备、试样滴定及二氧化硫含量计算等。

任务分析

碘量法是利用碘的氧化性、碘离子的还原性进行氧化还原滴定的方法。碘是较弱的氧化剂；碘离子是中等强度的还原剂。碘量法可分为直接碘量法和间接碘量法两种方式。

直接碘量法是利用碘的弱氧化性直接用碘标准溶液测定还原性组分，又叫做碘滴定法。直接碘量法只能在酸性、中性或弱碱性溶液中进行，而不能在碱性溶液中进行。直接碘量法可用淀粉指示液指示终点，到达化学计量点后，溶液由无色变为蓝色；还可利用碘自身的颜色指示终点，溶液中稍过量的碘显黄色从而指示终点。

对氧化性物质，可在一定条件下，用 I^-还原而产生碘，然后用 $Na_2S_2O_3$ 标准溶液滴定释放出碘，通过 $Na_2S_2O_3$ 的消耗量可计算氧化剂的含量，这种方法就叫做间接碘量法或滴定碘法。间接碘量法也是使用淀粉溶液作指示剂，溶液由蓝色变无色为终点。

直接碘量法测定葡萄酒中二氧化硫的原理是：利用碘可以与二氧化硫发生氧化还原反应的性质，测定样品中二氧化硫的含量。在碱性条件下，结合态二氧化硫被解离出来，然后再用碘标准滴定溶液滴定，得到样品中总二氧化硫的含量。根据这一原理，把学习任务分为：

（1）游离二氧化硫滴定。

（2）总二氧化硫滴定。

（3）计算与数据处理。

任务实施

（参考 GB/T 15038—2006）

一、任务准备

1．试剂单

序　号	名　称	规格或要求	配 制 方 法	备　注
1	硫酸溶液	1+3	取 1 体积浓硫酸缓慢注入 3 体积水中	
2	碘标准滴定液	c（1/2 I_2）=0.02 mol/L	称取 13g 碘及 35g 碘化钾，溶于 100mL 水中，稀释至 1000mL，摇匀，贮存于棕色瓶中，再取 200mL 此溶液稀释至 1000mL，标定，记录标定浓度	
3	淀粉指示剂	10g/L	称取1g淀粉，加5mL水使其成糊状，在搅拌下将糊状物加到90mL沸腾的水中，煮沸1～2 min，冷却，稀释至100mL，再加入40g氯化钠	
4	氢氧化钠溶液	100g/L	准确称取 10g 氢氧化钠，定容至 100mL	

2．仪器单

序　号	名　称	规格或要求	数　量	备　注
1	碘量瓶	250mL	6 个	
2	移液管	25mL	2 根	
3	量筒	10mL	2 支	
4	棕色酸式滴定管	25mL	1 根	
5	洗耳球	—	1 个	
6	铁架台	—	1 个	
7	万用夹	—	1 个	

二、碘标准滴定溶液的标定

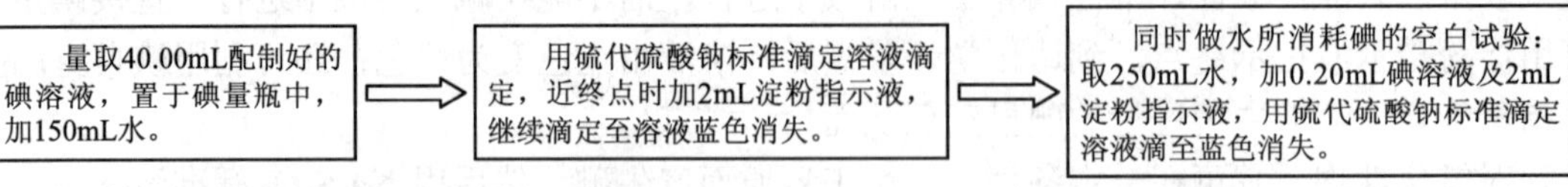

三、游离二氧化硫滴定

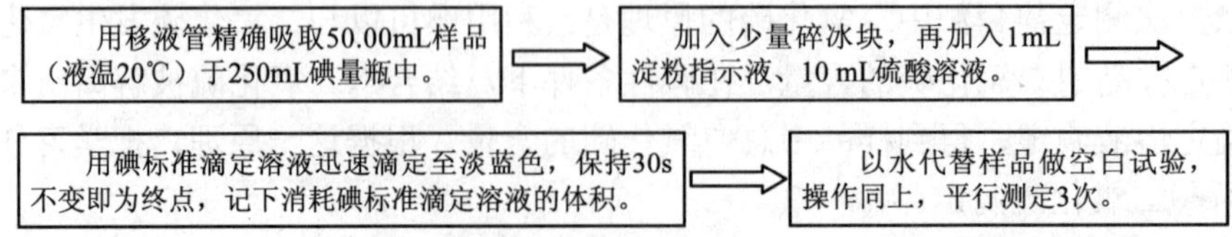

四、总二氧化硫滴定

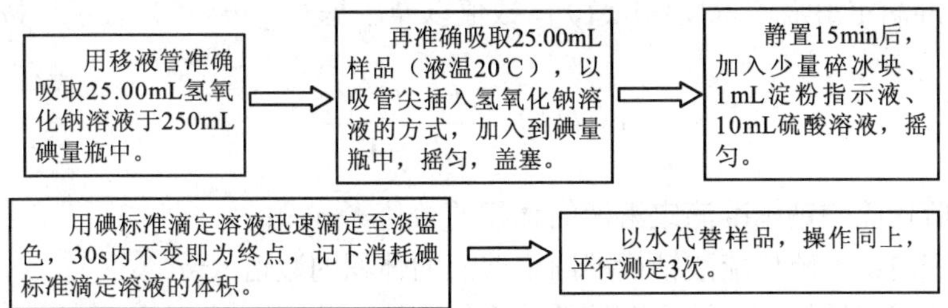

五、计算与数据处理

1. 数据记录及处理

（1）标定

室温______℃，查不同温度下标准滴定溶液的体积的补正值表（附录A）得标准滴定溶液的体积补正值______mL/L；硫代硫酸钠标准滴定溶液的浓度 c_1=__________mol/L。

记录项目	1	2	3	空白
碘溶液的体积 V_3、V_4/mL				
消耗的硫代硫酸钠标准滴定溶液的体积/mL				
温度校正后硫代硫酸钠标准滴定溶液的体积 V_1、V_2/mL				
碘标准滴定溶液的浓度 c/（mol/L）				—
平均值/（mol/L）				
极差与平均值之比（%）				

（2）游离二氧化硫

室温______℃，查不同温度下标准滴定溶液的体积的补正值表（附录A）得标准滴定溶液的体积补正值______mL/L；碘标准滴定溶液的浓度 c=__________mol/L。

记录项目	1	2	3	空白
消耗的碘标准滴定溶液的体积/mL				
温度校正后碘标准滴定溶液的体积 V_5、V_6/mL				
样品中游离二氧化硫的含量 X/（mg/L）				—
平均值/（mg/L）				
极差与平均值之比（%）				

（3）总二氧化硫

室温______℃，查不同温度下标准滴定溶液的体积的补正值表（附录A）得标准滴定溶液的体积补正值______mL/L；碘标准滴定溶液的浓度 c=__________mol/L。

记录项目	1	2	3	空白
消耗的碘标准滴定溶液的体积/mL				
温度校正后碘标准滴定溶液的体积 V_7、V_8/mL				
样品中总二氧化硫的含量 X_2/（mg/L）				—
平均值/（mg/L）				
极差与平均值之比（%）				

2. 结果计算

（1）碘标准滴定溶液的浓度$c(1/2\,I_2)$，数值以摩尔每升（mol/L）表示，按式①计算：

$$c(1/2\,I_2)=\frac{(V_1-V_2)\times c_1}{V_3-V_4} \quad ①$$

式中 V_1——硫代硫酸钠标准滴定溶液的体积的数值（mL）；

V_2——空白试验硫代硫酸钠标准滴定溶液的体积的数值（mL）；

c_1——硫代硫酸钠标准滴定溶液的浓度的准确数值（mol/L）；

V_3——碘溶液的体积的准确数值（mL）；

V_4——空白试验中加入的碘溶液的体积的准确数值（mL）。

（2）样品中游离二氧化硫的含量X_1，数值以毫克每升（mg/L）表示，按式②计算：

$$X_1=\frac{c\times(V_5-V_6)\times 32}{50}\times 1000 \quad ②$$

式中 c——碘标准滴定溶液的浓度（mol/L）；

V_5——滴定样品时消耗的碘标准滴定溶液的体积（mL）；

V_6——空白试验消耗的碘标准滴定溶液的体积（mL）；

32——二氧化硫的摩尔质量的数值（g/mol）；

50——吸取样品的体积（mL）。

所得结果表示至整数。

（3）样品中总二氧化硫的含量X_2，数值以毫克每升（mg/L）表示，按式③计算：

$$X_2=\frac{c\times(V_7-V_8)\times 32}{25}\times 1000 \quad ③$$

式中 c——碘标准滴定溶液的浓度（mol/L）；

V_7——滴定样品时消耗的碘标准滴定溶液的体积（mL）；

V_8——空白试验消耗的碘标准滴定溶液的体积（mL）；

32——二氧化硫的摩尔质量的数值（g/mol）；

25——吸取样品的体积（mL）。

所得结果表示至整数。

任务评价

学业评价表

序　号	项　目		学习任务的完成情况评价		
			自评（30%）	小组评（30%）	教师评（40%）
1	职业素养	遵守实验室管理规定，严格执行操作程序(10分)			
2		安全操作，按时完成任务（10分）			

（续）

学业评价表					
序　号	项　目		学习任务的完成情况评价		
			自评（30%）	小组评（30%）	教师评（40%）
3	职业素养	学习积极主动、勤学好问（10 分）			
4		与人协作，相互配合好（5 分）			
5		清洁、整理（5 分）			
6	专业能力	能测定食品中二氧化硫的含量（20 分）			
7		操作规范（10 分）			
8		数据处理正确（5 分）			
9		实验结果准确且精确度高（15 分）			
10		认真填写实验报告，且填写正确（10 分）			
11	分数合计（100 分）				
12	存在的问题及建议				
13	综合评价分数				

帮　助

（1）在重复性条件下获得的两次独立测定结果的绝对差值不得超过算术平均值的 10%。

（2）以重复性条件下获得的两次独立测定结果的算术平均值表示，结果表示至整数。

（3）我国规定成品酒中总二氧化硫含量为 250mg/L，游离二氧化硫含量为 50mg/L。

（4）其他二氧化硫测定方法有蒸馏碘量法、氧化法、碘酸钾法、盐酸副玫瑰苯胺法。

任务 9-3-3　广式腊肠中过氧化值的测定——滴定法

由于广式腊肠中含有较多的脂肪，而且广东处于高热高湿环境，因此广式腊肠在加工、贮藏和销售过程中极易出现过氧化值升高甚至超标的情况，严重影响了产品的质量。过氧化值是我国国家标准中的一项强制性指标。过氧化值反映了脂肪的氧化程度。氧化程度高的话，腊肠会有脂肪氧化的味道，而且色泽也会变差。下面以广式腊肠中过氧化值的测定为例，学习食品中过氧化值的测定方法。

任务目标

（1）明白肉制品中过氧化值测定的原理。

（2）学会肉制品中过氧化值测定的操作技术，包括样品的取样处理、滴定及过氧化值计算等。

任务分析

过氧化值是表示油脂和脂肪酸等被氧化程度的一个指标，是指物质中的过氧化物含量的多少。过氧化值测定的原理是：油脂氧化过程中产生过氧化物，与碘化钾作用，生成游离碘，以硫代硫酸钠溶液滴定，计算含量。根据这一原理，把学习任务分为：

（1）样品处理。

（2）样品滴定。

（3）计算与数据处理。

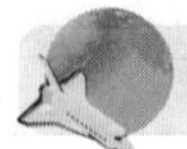

任务实施

（参考 GB/T 5009.37—2003）

一、任务准备

1. 试剂单

序号	名称	规格或要求	配制方法	备注
1	碘化钾溶液	饱和	称取 14g 碘化钾，加 10mL 水溶解，必要时微热使其溶解，冷却后贮于棕色瓶中	
2	三氯甲烷–冰乙酸混合液	4+6	量取 40mL 三氯甲烷，加 60mL 冰乙酸，混匀	
3	硫代硫酸钠标准滴定溶液	c（$Na_2S_2O_3$）=0.0020 mol/L	参考硫代硫酸钠标准滴定溶液配制与标定	
4	淀粉指示剂	10g/L	称取可溶性淀粉 0.50g，加少许水，调成糊状，倒入 50mL 沸水中调匀，煮沸，临用时现配	
5	石油醚	30～60℃沸程	—	

2. 仪器单

序号	名称	规格或要求	数量	备注
1	碱式滴定管	25mL	1 根	
2	三角瓶	250mL	3 个	
3	具塞三角瓶	500mL	1 个	
4	碘量瓶	250mL	3 个	
5	绞肉机	—	1 台	
6	水浴锅	电子调节	1 台	
7	铁架台	—	1 个	
8	万用夹	—	1 个	
9	石棉网	—	1 块	
10	烧杯	100mL	若干	

二、样品处理

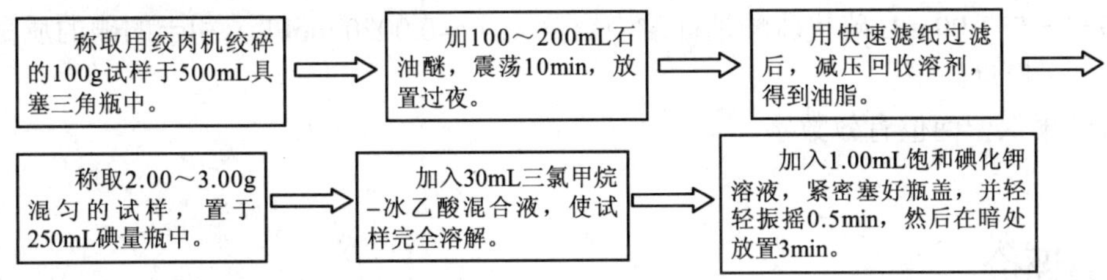

三、样品滴定

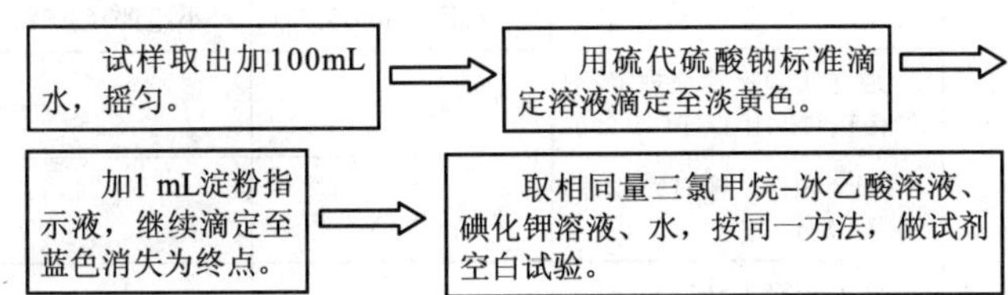

四、计算与数据处理

1. 数据记录及处理

室温______℃，查不同温度下标准滴定溶液的体积的补正值表（附录 A）得标准滴定溶液的体积补正值______mL/L；硫代硫酸钠标准溶液浓度 c=___________mol/L。

记录项目	1	2	3	空白
样品质量 m/g				—
消耗硫代硫酸钠标准滴定溶液体积/mL				
温度校正后硫代硫酸钠标准滴定溶液体积 V_1、V_2/mL				
过氧化值 X_1/（g/100g）				—
过氧化值 X_2/（meq/kg）				—
平均值/（g/100g）				
极差与平均值之比（%）				

2. 结果计算

试样中过氧化值 X_1，数值以克每百克（g/100g）表示；过氧化值 X_2，数值以毫克当量每千克（meq/kg）表示。按下式进行计算：

$$X_1 = \frac{(V_1 - V_2) \times c \times 0.1269}{m} \times 100$$

$$X_2 = X_1 \times 78.8$$

式中　V_1——试样消耗硫代硫酸钠标准滴定溶液的体积（mL）；

V_2——试剂空白消耗硫代硫酸钠标准滴定溶液体积（mL）；

c——硫代硫酸钠标准滴定溶液的浓度（mol/L）；

m——试样的质量（g）；

0.1269——与 1.00 mL 硫代硫酸钠标准滴定溶液（c=0.0020 mol/L）相当的碘的质量（g）；

78.8——换算因子。

计算结果保留两位有效数字。

任务评价

学业评价表					
序号	项目		学习任务的完成情况评价		
			自评（30%）	小组评（30%）	教师评（40%）
1	职业素养	遵守实验室管理规定，严格执行操作程序（10 分）			
2		安全操作，按时完成任务（10 分）			
3		学习积极主动、勤学好问（10 分）			
4		与人协作，相互配合好（5 分）			
5		清洁、整理（5 分）			
6	专业能力	能测定肉制品中油脂的过氧化值（20 分）			
7		操作规范（10 分）			
8		数据处理正确（5 分）			
9		实验结果准确且精确度高（15 分）			
10		认真填写实验报告，且填写正确（10 分）			
11	分数合计（100 分）				
12	存在的问题及建议				
13	综合评价分数				

帮　助

（1）在重复性条件下获得两次独立测定结果的绝对差值不得超过算术平均值的 10%。

（2）加入碘化钾后，静置时间长短以及加水量的多少，对测定结果均有影响。

（3）广式腊肠中的过氧化值（g/100g）应小于等于 0.50（GB 2730—2005《腌腊肉制品卫生标准》）。

（4）其他测定过氧化值的方法有碘量法、比色法。

任务 9-4 沉 淀 滴 定

任务 9-4-1 方便面中氯化钠含量的测定——间接沉淀滴定法

氯化钠俗称食盐，是人类生存最重要的物质之一，也是食品行业中最常用的调味料及防腐物质。从生理角度来说，食盐对维持身体健康有着重要的功能。盐能刺激人的味觉，协助消化食物，维持人体的渗透压及酸碱平衡。

但过多的摄入氯化钠，又会对身体产生危害。过多的氯化钠是引发高血压的重要因素，同时，过多的氯化钠还会导致身体水肿，诱发感冒等危害。由于氯化钠对人类有着重要的作用，同时过多地食用又会对人类产生危害，因此需要对食品中的氯化钠含量进行测定，以促使人们对其合理的摄入。下面以方便面为例，学习食品中氯化钠含量的测定方法——间接沉淀滴定法。

任务目标

（1）明白间接沉淀滴定法测定食品中氯化钠的原理。

（2）学会间接沉淀滴定法测定食品中氯化钠的操作技术，包括试液的制备、硝酸银标准滴定溶液浓度和硫氰酸钾标准滴定液浓度的计算及样品的测定步骤。

任务分析

用硫酸高铁铵（铁铵矾）[$NH_4Fe(SO_4)_2 \cdot 12H_2O$]作为指示剂的银量法称佛尔哈德法，也叫铁铵矾指示剂法。本法分为直接滴定法和间接滴定法。直接滴定法是在酸性条件下，以一定浓度的 $NH_4Fe(SO_4)_2$ 溶液作为指示剂，用 NH_4SCN 或 KSCN 标准溶液滴定含 Ag^+ 的溶液。间接滴定法是在含有卤素离子或 SCN^- 的 HNO_3 溶液中，先加入准确过量的 $AgNO_3$ 标准溶液，使卤素离子或 SCN^- 生成银盐沉淀，然后再以铁铵矾作为指示剂，用 NH_4SCN 或 KSCN 标准溶液返滴定过量的 $AgNO_3$ 溶液。

间接沉淀滴定法测食品中的氯化钠含量的原理是：样品经酸化处理后，加入过量的硝酸银溶液，以硫酸铁铵为指示剂，用硫氰酸钾标准滴定溶液滴定过量的硝酸银，根据硫氰酸钾标准滴定溶液的消耗量，计算食品中氯化钠的含量。根据这一原理，把学习任务分为：

（1）试液的制备。

（2）硝酸银标准溶液浓度和硫氰酸钾标准滴定溶液浓度的标定。

（3）滴定。

（4）计算与数据的处理。

任务实施

（参考 GB/T 12457—2008）

一、任务准备

1. 试剂单

序号	名称	规格或要求	配制方法	备注
1	硝酸银标准滴定溶液	0.1mol/L	称取 17g 硝酸银，溶于水中，转移到 1000mL 容量瓶中，用水稀释至刻度	
2	硫氰酸钾标准滴定溶液	0.1mol/L	称取 9.7g 硫氰酸钾，溶于水中，转移到 1000mL 容量瓶中，用水稀释至刻度	
3	硫酸铁铵饱和溶液	饱和	称取 50g 硫酸铁铵，溶于 100mL 水中，如有沉淀应过滤	
4	硝酸溶液	1+3	1 体积浓硝酸与 3 体积水混匀，使用前应煮沸、冷却	
5	标准氯化物的沉淀滤液	—	称取 0.10～0.15g 基准试剂氯化钠，精确至 0.002g，置于 100mL 烧杯中，用水溶解，转移至 100mL 容量瓶中，加入 5mL 硝酸溶液，边剧烈摇动边加入 30.00mL 硝酸银标准滴定溶液，用水稀释至刻度，摇匀，避光处放置 5min，用快速滤纸过滤，弃去初滤液 10mL	

2. 仪器单

序号	名称	规格或要求	数量	备注
1	组织捣碎机（研钵）	—	1 台	
2	水浴锅	—	1 台	
3	分析天平	0.0001g	1 台	
4	酸式滴定管	25mL	1 根	
5	三角瓶	250mL	6 个	
6	烧杯	100mL	若干	
7	量筒	10mL、100mL	各 1 个	
8	容量瓶	100mL、200mL	各 1 个	
9	移液管	20mL、25mL	各 1 根	
10	吸量管	10mL	1 根	
11	洗耳球	—	1 个	
12	铁架台	—	1 个	
13	铁圈	—	1 个	

二、试液的制备

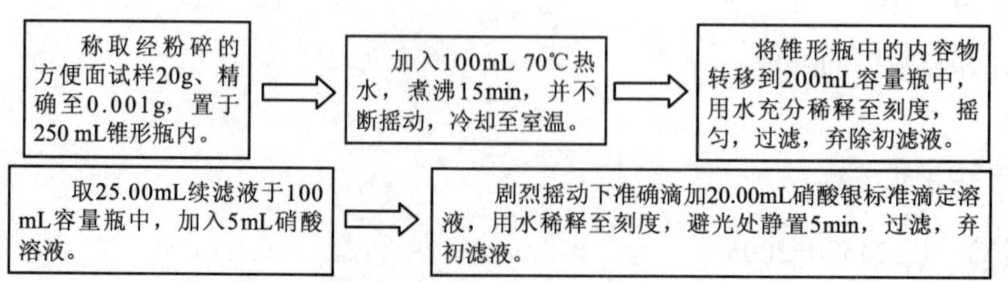

三、硝酸银标准滴定溶液浓度和硫氰酸钾标准滴定溶液浓度的标定

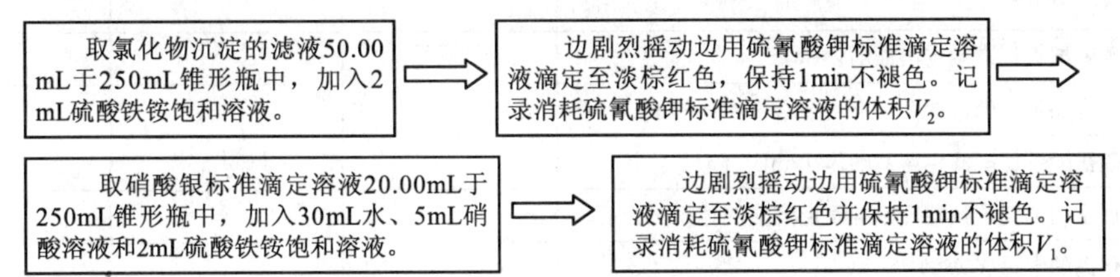

四、滴定

取制备液50.00 mL，置于250mL锥形瓶内，加2 mL硫酸铁铵饱和溶液。⇨ 边剧烈摇动边用0.1mol/L硫氰酸钾标准滴定溶液滴定至出现淡棕红色，见彩图9-8和彩图9-9，保持1min不褪色。记录下消耗的硫氰酸钾标准滴定溶液的体积V_3。⇨ 空白实验：用50mL水代替50mL制备液，加10.00mL硝酸银标准滴定溶液，其他操作同试样滴定。记录下消耗硫氰酸钾标准滴定溶液的体积V_4。

五、计算与数据处理

1．数据记录及处理

（1）标定

室温______℃，查不同温度下标准滴定溶液的体积的补正值表（附录A）得标准滴定溶液的体积补正值______mL/L。

记 录 项 目	1	2	3	4
称量皿+氯化钠（1）/g				
称量皿+氯化钠（2）/g				
氯化钠质量 m_0/g				
确定体积比（F）时消耗硫氰酸钾标准滴定溶液的体积/mL				
温度校正后，确定体积比（F）时消耗硫氰酸钾标准滴定溶液的体积 V_1/mL				
滴定过量硝酸银时消耗硫氰酸钾标准滴定溶液的体积/mL				
温度校正后，滴定过量硝酸银时消耗硫氰酸钾标准滴定溶液的体积 V_2/mL				
硝酸银标准滴定溶液与硫氰酸钾标准滴定溶液的体积比 F				
F 的平均值				
硝酸银标准滴定溶液浓度的准确值 c_2/（mol/L）				
c_2 平均值/（mol/L）				
极差与平均值之比（%）				
硫氰酸钾标准滴定溶液浓度的准确值 c_1/（mol/L）				

（2）滴定

室温______℃，查不同温度下标准滴定溶液的体积的补正值表（附录A）得标准滴定溶液的体积补正值______mL/L；硫氰酸钾标准滴定溶液的浓度 c_1=__________mol/L。

记录项目	1	2	3
样品质量 m/g			
稀释倍数 K_1			
样品消耗硫氰酸钾标准滴定溶液的体积/mL			
温度校正后样品消耗硫氰酸钾标准滴定溶液的体积 V_3 /mL			
空白消耗硫氰酸钾标准滴定溶液的体积/mL			
温度校正后空白消耗硫氰酸钾标准滴定溶液的体积 V_4/mL			
样品中氯化钠的含量 X（%）			
平均值（%）			
两次测定结果之差			

2．结果计算

（1）硫氰酸钾标准滴定溶液浓度的准确数值计算。按式①、式②、式③分别计算硝酸银标准滴定溶液浓度的准确数值（c_2）和硫氰酸钾标准滴定溶液浓度的准确数值（c_1）。

$$F=\frac{20.00}{V_1} \quad ①$$

$$c_2=\frac{\frac{m_0}{0.058\,44}}{30.00-2\times V_2\times F} \quad ②$$

$$c_1=c_2\times F \quad ③$$

式中　F——硝酸银标准滴定溶液与硫氰酸钾标准滴定溶液的体积比；

20.00——确定体积比（F）时，硝酸银标准滴定溶液的体积的数值（mL）；

V_1——确定体积比（F）时，硫氰酸钾标准滴定溶液体积（mL）；

c_1——硫氰酸钾标准滴定溶液浓度的准确值（mol/L）；

c_2——硝酸银标准滴定溶液浓度的准确值（mol/L）；

m_0——氯化钠的质量（g）；

30.00——沉淀氯化物时加入硝酸银标准滴定溶液的体积（mL）；

V_2——滴定过量硝酸银时消耗硫氰酸钾标准滴定溶液的体积（mL）；

0.058 44——与 1.00 mL 硝酸银标准滴定溶液（c=1.000 mol/L）相当的氯化钠的质量（g）。

（2）食品中氯化钠的含量以质量分数 X 计，数值以百分比（%）计，按下式计算：

$$X=\frac{0.058\,44\times c_1\times(V_4-V_3)\times K_1}{m}\times 100$$

式中　0.058 44——与 1.00 mL 硝酸银标准滴定溶液（c=1.000 mol/L）相当的氯化钠的质量（g）；

c_1——硫氰酸钾标准滴定溶液浓度的准确数值（mol/L）；

V_3——滴定试样时消耗硫氰酸钾标准滴定溶液的体积（mL）；

V_4——空白试验消耗硫氰酸钾标准滴定溶液的体积（mL）；

K_1——稀释倍数；

m——试样的质量（g）。

计算结果表示到小数点后两位。

任务评价

学业评价表					
序　号	项　　目		学习任务的完成情况评价		
			自评（30%）	小组评（30%）	教师评（40%）
1	职业素养	遵守实验室管理规定，严格执行操作程序（10分）			
2		安全操作，按时完成任务（10分）			
3		学习积极主动、勤学好问（10分）			
4		与人协作，相互配合好（5分）			
5		清洁、整理（5分）			
6	专业能力	能测定食品中氯化钠的含量（20分）			
7		操作规范（10分）			
8		数据处理正确（5分）			
9		实验结果准确且精确度高（15分）			
10		认真填写实验报告，且填写正确（10分）			
11	分数合计（100分）				
12	存在的问题及建议				
13	综合评价分数				

帮　助

（1）在重复性条件下获得两次独立测定结果的绝对差值不得超过算术平均值的10%。

（2）同一样品两次平行测定结果之差，每100g试样不得超过0.2g，计算结果要精确至小数点后第二位。

（3）本法也适用于半固体试样以及液体样品检测。

（4）滴定时，应在中性或弱碱性的介质中滴定，最适pH范围为6.5～10.5。酸性条件下，铬酸根离子与氢离子结合，使铬酸银沉淀出现过迟。

（5）滴定时应不断剧烈振荡溶液，否则先产生的氯化银会吸附 cl^-，造成 cl^- 含量偏低，使实验产生较大误差。

（6）本法适用于肉类制品、水产制品、蔬菜制品、腌制食品、调味品、淀粉制品中氯化钠的测定，不适用于深颜色食品中氯化钠的测定。

任务 10 >>>

仪 器 分 析

>>> 任务 10-1 果汁饮料 pH 值的测定

pH 值是表示溶液酸性或碱性程度的数值，即所含氢离子浓度的常用对数的负值。长期饮用太酸或太碱的饮料都不利于人体健康。首先，饮料中的酸性物质会软化牙釉质，尤其是对正值发育期的婴幼儿，会促使牙齿龋洞形成。其次，弱碱性饮料虽然能中和胃酸，缓解胃部不适，但饭前饭后饮用会影响消化，且过多地饮用碱性饮料会导致碱中毒，甚至对肾脏造成损伤。

任务目标

会正确使用酸度计测定果汁饮料的 pH 值。

任务分析

测定果汁饮料 pH 值的原理是：将 pH 复合电极插入被测试液中，利用酸度计测定溶液的 pH 值，并直接读数。根据这一原理，把学习任务分为：

（1）样品的制备。

（2）样品的测定。

（3）计算与数据处理。

任务实施

（参考 GB 10468—89）

一、任务准备

1．试剂单

序 号	名 称	规格或要求	配 制 方 法	备 注
1	pH=4.01 的标准缓冲溶液（25℃）	—	称取在 115℃±5℃烘干 2～3h 的优级纯邻苯二甲酸氢钾 10～12g，溶于不含二氧化碳的蒸馏水中，稀释至 1000mL	
2	pH=6.86 的标准缓冲溶液（25℃）	—	称取在 115℃±5℃烘干 2～3h 的优级纯磷酸二氢钾 3.39g 和优级纯无水磷酸氢二钠 3.53g，溶于不含二氧化碳的蒸馏水中，稀释至 1000 mL	
3	不含 CO_2 的蒸馏水	装于洗瓶中	将蒸馏水加热煮沸 10～15min，冷却后立即使用	

2．仪器单

序　号	名　称	规　格	数　量	备　注
1	pH 值测定装置	分度值≤0.02 单位	1 台	
2	废液瓶	≥250mL	1 个	
3	滤纸	—	若干	

二、样品的制备

将果汁饮料试验样品充分混合均匀。

三、样品的测定

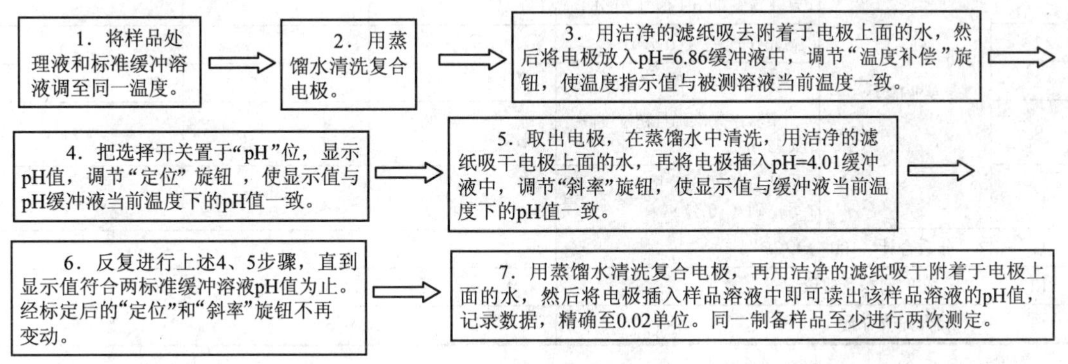

四、计算与数据处理

1．数据记录及处理

实验温度		
果汁饮料样品的 pH 值	1	2
果汁饮料样品 pH 值的平均值		

2．结果表示

取两次测定的算术平均值作为测定结果，准确到小数点后第二位。

3．重复性

同一操作者连续两次测定的结果之差不超过 0.1 单位，否则重新测定。

任务评价

学业评价表					
序　号	项　目		学习任务的完成情况评价		
			自评（30%）	小组评（30%）	教师评（40%）
1	职业素养	遵守实验室管理规定，严格执行操作程序（10 分）			

（续）

学业评价表					
序　号	项　目		学习任务的完成情况评价		
			自评（30%）	小组评（30%）	教师评（40%）
2	职业素养	安全操作，按时完成任务（10分）			
3		学习积极主动、勤学好问（10分）			
4		与人协作，相互配合好（5分）			
5		清洁、整理（5分）			
6	专业能力	能正确使用酸度计测定果汁饮料的pH值（20分）			
7		操作规范（10分）			
8		数据处理正确（5分）			
9		实验结果准确且精确度高（15分）			
10		认真填写实验报告，且填写正确（10分）			
11	分数合计（100分）				
12	存在的问题及建议				
13	综合评价分数				

帮　助

不同温度下缓冲液的pH值如下：

温度℃	四草酸氢钾0.05M	邻苯二甲酸氢钾0.05M	混合磷酸盐0.025M	硼砂0.01M
5	1.67	4.00	6.95	9.39
10	1.67	4.00	6.02	9.33
15	1.67	4.00	6.90	9.28
20	1.68	4.00	6.88	9.23
25	1.68	4.00	6.86	9.18
30	1.68	4.01	6.85	9.14
35	1.69	4.02	6.84	9.11

任务10-2　香肠中亚硝酸盐的测定——分光光度法

香肠制品是一类深受人民群众喜爱的食品，在其生产过程中多采用亚硝酸盐作为发色剂，它不仅能使香肠保持良好的色泽，还能抑制肉毒梭状芽孢杆菌，保证香肠的后熟风味。但近年来由于亚硝酸盐摄入量过多引起的食物中毒时有发生，且肉制品中的亚硝酸盐可与胺类生成强致癌物亚硝胺，对人体健康产生潜在的危害，所以对其在食品中的添加量有着严格的控制。

任务目标

（1）知道分光光度法测定香肠中亚硝酸盐含量的原理。

（2）会应用分光光度法测定香肠中亚硝酸盐的含量。

任务分析

分光光度法测定香肠中亚硝酸盐含量的原理是：样品经沉淀蛋白质、除去脂肪后，在弱酸性条件下，亚硝酸盐与对氨基苯磺酸重氮化后，再与盐酸萘乙二胺偶合形成紫红色染料，于波长 538nm 处测定其吸光度后，可与标准比较定量。根据这一原理，把学习任务分为：

（1）样品的制备。

（2）样品的测定。

（3）计算与数据处理。

任务实施

（参考 GB 5009.33—2010）

一、任务准备

1．试剂单

序　号	名　称	规格或要求	配制方法	备　注
1	亚铁氰化钾溶液	106g/L	称取 106.0g 亚铁氰化钾，用水溶解，稀释至 1000mL	
2	乙酸锌溶液	220g/L	称取 220.0g 乙酸锌，先加 30mL 冰乙酸溶解，再用水稀释至 1000mL	
3	饱和硼砂溶液	50g/L	称取 5.0g 硼酸钠，溶于 100mL 热水中，冷却后备用	
4	对氨基苯磺酸溶液	4g/L	称取 0.4g 对氨基苯磺酸，溶于 100mL 20%（V/V）的盐酸中，置棕色瓶中混匀，避光保存	
5	盐酸萘乙二胺溶液	2g/L	称取 0.2g 盐酸萘乙二胺，溶于 100mL 水中，混匀后置棕色瓶中，避光保存	
6	亚硝酸钠标准溶液	200μg/mL	精密称取 0.1000g 于 110～120℃干燥恒重的亚硝酸钠，加水溶解，移入 500mL 容量瓶中，加水稀释至刻度，混匀	
7	亚硝酸钠标准使用液	5.0μg/mL	临用前，吸取亚硝酸钠标准溶液 5.00mL，置于 200mL 容量瓶中，加水稀释至刻度	

2．仪器单

序　号	名　称	规　格	数　量	备　注
1	分光光度计	—	1台	
2	组织捣碎机	—	1台	
3	恒温水浴锅	100℃	1台	
4	电子天平	感量为 0.1mg	1台	

（续）

序　　号	名　　称	规　　格	数　　量	备　　注
5	电炉	—	1台	
6	温度计	100℃	1支	
7	容量瓶	500mL	1个	
8	比色管	50mL，带塞	多于10根	
9	比色管架	—	1个	
10	吸管	1mL	多于2根	
		2mL	多于2根	
		5mL	多于3根	
		10mL	多于2根	
11	漏斗	直径约9cm，短颈	1个	
12	定性滤纸	直径约18cm	若干	
13	烧杯	50mL	若干	

二、样品的制备

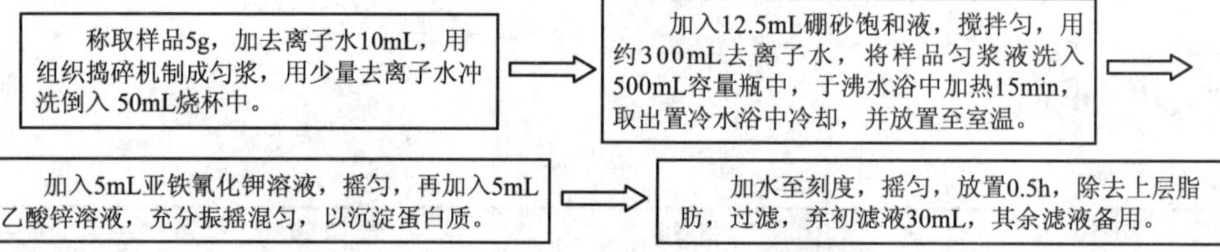

三、样品的测定

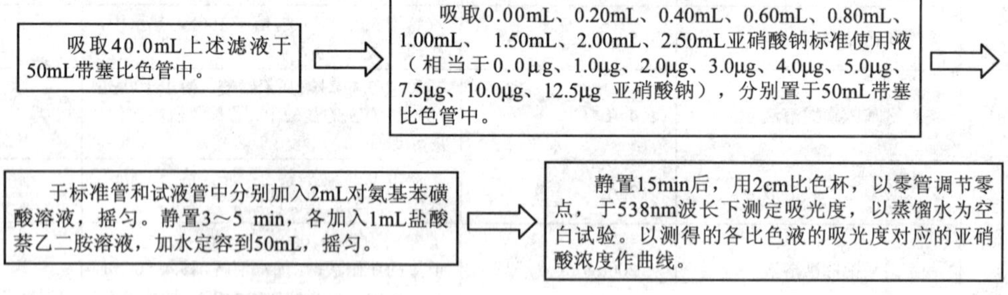

四、计算与数据处理

1. 数据记录及处理

（1）标准曲线

编　　号	1	2	3	4	5	6	7	8	9
吸取亚硝酸钠的体积/mL									
亚硝酸盐含量/μg									
吸光度									

（2）样品测量

记 录 项 目	1	2
样品质量 m/g		
样品处理液总体积 V_0/mL		
测定用样液体积 V_1/mL		
吸光度		
测定用样液中亚硝酸钠的质量 A_1/μg		
亚硝酸盐含量 X_1/（mg/kg）		
平均值/（mg/kg）		
极差与平均值之比（%）		

2．亚硝酸盐（以亚硝酸钠计）的含量 X_1，数值以毫克每千克（mg/kg）表示，按下式进行计算：

$$X_1=\frac{A_1\times1000}{m\times\frac{V_1}{V_0}\times1000}$$

式中　m——样品质量（g）；

A_1——测定用样液中亚硝酸钠的质量（μg）；

V_1——测定用样液体积（mL）；

V_0——样品处理液总体积（mL）。

以重复性条件下获得的两次独立测定结果的算术平均值表示，结果保留两位有效数字。

3．精密度

在重复性条件下获得的两次独立测定结果的绝对差值不得超过算术平均值的10%。

任务评价

学业评价表					
序　号	项　目		学习任务的完成情况评价		
			自评（30%）	小组评（30%）	教师评（40%）
1	职业素养	遵守实验室管理规定，严格执行操作程序（10分）			
2		安全操作，按时完成任务（10分）			
3		学习积极主动、勤学好问（10分）			
4		与人协作，相互配合好（5分）			
5		清洁、整理（5分）			
6	专业能力	能正确使用分光光度法测定香肠中的亚硝酸盐含量（20分）			
7		操作规范（10分）			

（续）

学业评价表					
序　号	项　目		学习任务的完成情况评价		
			自评（30%）	小组评（30%）	教师评（40%）
8	专业能力	数据处理正确（5分）			
9		实验结果准确且精确度高（15分）			
10		认真填写实验报告，且填写正确（10分）			
11	分数合计（100分）				
12	存在的问题及建议				
13	综合评价分数				

任务10-3　白酒中甲醇含量的测定——分光光度法

2011年印度假酒事件导致过百人死亡，2012年捷克假酒事件导致数十人死亡，国内也时常发生假酒致死事件，那么这些死亡背后的罪魁祸首是什么呢？答案就是甲醇，因为假酒中甲醇的含量很高，而甲醇对人体的毒性作用较大，4～10g即可引起严重中毒，出现恶心、头痛、胃部疼痛、视力模糊、呼吸困难、失明、休克，甚至死亡。

酿制白酒时，酒中会含有一定数量的甲醇，甲醇的气味和酒精一样，与酒精混合在一起不容易分开。如果白酒中甲醇的含量不加以控制的话，将给消费者带来无法估计的严重后果，因此白酒中甲醇含量的准确检验至关重要，是保证白酒质量安全的重要手段。

任务目标

（1）明白白酒中甲醇含量测定的原理。

（2）学会白酒中甲醇含量测定的技术，包括试剂的配制、分光光度计的使用、比色管的使用、标准曲线的绘制、甲醇含量的计算等。

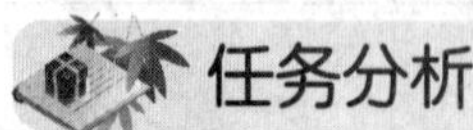

任务分析

白酒中甲醇含量测定的原理是：甲醇在磷酸溶液中被高锰酸钾氧化成甲醛，过量的高锰酸钾及在反应中产生的二氧化锰用草酸-硫酸溶液除去，甲醛与品红-亚硫酸作用后生成蓝紫色的化合物，通过测定甲醇标准系列和待测试样的吸光度，将甲醇标准系列吸光度绘制成标准曲线，然后将待测样品与标准曲线比较得出试样（白酒）中甲醇含量。根据这一原理，把学习任务分为：

1．试剂的配制。

2．吸光度测定和标准曲线的绘制。

3．计算与数据处理。

任务实施

（参考 GB/T 5009.48—2003）

一、任务准备

1. 试剂单

序　号	名　称	规格或要求	配 制 方 法	备　注
1	高锰酸钾-磷酸溶液	—	称取 3g 高锰酸钾，加入 15mL 磷酸（85%）溶液及 70mL 水的混合液中，待高锰酸钾溶解后加水定容至 100mL，贮于棕色瓶中备用	保存时间不宜过长，一般 6 个月以内，若发现有颗粒沉淀，应重新配制
2	硫酸	（1+1）	量取 100mL 浓硫酸，加蒸馏水定容到 200mL	
3	草酸-硫酸溶液	—	称取 5g 无水草酸（$H_2C_2O_4$）或 7g 含 2 分子结晶水的草酸（$H_2C_2O_4 \cdot 2H_2O$），溶于硫酸（1+1）中，并用硫酸（1+1）定容至 100mL，混匀后，贮于棕色瓶中备用	
4	亚硫酸钠溶液	100g/L	准确称取 100g 亚硫酸钠，溶解，移入 1L 容量瓶，加蒸馏水定容	现用现配
5	品红-亚硫酸溶液	—	称取 0.1g 碱性品红研细后，先加入少量室温水搅拌均匀，再分次加水（80℃）共 60mL，边加水边研磨使其溶解，待其充分溶解后过滤，移入 100mL 容量瓶中，冷却后加 10mL 亚硫酸钠溶液（100g/L），摇匀，静止 15min 后，溶液转变成鲜艳的玫瑰红色后，加入 lmL 浓盐酸，再加水定容至刻度，充分混匀，放置过夜（放置时打开容量瓶瓶塞，使得二氧化硫充分释放出）。如溶液有颜色（带有微黄色），应该加少量活性炭搅拌后过滤，贮于棕色瓶中，置暗处保存	保质期一般 1 个月左右，每次使用前请检查，如溶液呈红色则应丢弃重新配制
6	甲醇标准溶液	—	准确称取 1.000g 甲醇，置于预先装有少量蒸馏水的 100mL 容量瓶中，加水稀释至刻度，混匀，此溶液每毫升相当于 10.0mg 甲醇	置于低温下保存
7	甲醇标准使用液	分析纯	吸取 10.0mL 甲醇标准溶液置于 100mL 容量瓶中，加水稀释至刻度，混匀。该溶液每毫升相当于 1.0mg 甲醇，再取已稀释的 1.0mg 甲醇溶液 25mL 置于 50mL 的容量瓶中，加水至刻度，该溶液每毫升相当于 0.50mg 甲醇	
8	硝酸银溶液	—	取 1g 硝酸银溶于少量水中	
9	氢氧化钠溶液	—	取 1.5g 氢氧化钠溶于少量水中	
10	无甲醇的乙醇溶液	60%	取 300mL 无水乙醇或乙醇（95%），加高锰酸钾少许，振摇后蒸馏，收集蒸馏液，在蒸馏液中加入硝酸银溶液和氢氧化钠溶液，摇匀，取上清液蒸馏，最初和最后的 50mL 蒸馏液丢弃，收集中间蒸馏出来的 200mL，用酒精比重计测其浓度，然后加水配成体积分数为 60%的无甲醇的乙醇	
11	样品：白酒	—	—	

2. 仪器单

序　号	名　称	规格或要求	数　量	备　注
1	棕色瓶	250 mL	2个	
2	蒸馏装置	全玻璃式	1套	
3	滴管	—	1根	
4	玻璃棒	—	3根	
5	研钵	—	1套	
6	容量瓶	50mL	2个	
7	容量瓶	100mL	4个	
8	酒精比重计	—	1支	
9	具塞比色管	25 mL	9根	
10	水浴锅	—	1台	
11	分光光度计	紫外可见	1台	
12	烧杯	100mL	若干	
13	冰箱	—	1台	
14	活性炭	—	若干	
15	移液管或吸量管	1mL、2mL、10mL、25mL	各若干	

二、吸光度测定和标准曲线的绘制

根据待测白酒中含乙醇浓度适度取样（乙醇浓度：30%，取1.0mL；40%，取0.8mL；50%，取0.6mL；60%，取0.5mL），置于25mL具塞比色管中。

⇨

用1mL的吸量管精确吸取0.0mL、0.10mL、0.20mL、0.40mL、0.60mL、0.80mL、1.00mL甲醇标准使用液（相当于0.00mg、0.05mg、0.10mg、0.20mg、0.30mg、0.40mg、0.50 mg甲醇）分别置于25 mL具塞比色管中，各加入0.5 mL无甲醇的乙醇溶液（体积分数为60%）。

⇨

于样品管及标准管中各加水至5mL，混匀，再依次向各管加入2mL高锰酸钾-磷酸溶液，混匀，放置10min（一定不能少于10min）。

⇨

接着依次向各管加入2mL草酸-硫酸溶液，此时要打开比色管塞子，振荡摇匀数次，待剧烈反应放出气体后，再盖上比色管塞，倒置片刻，使管壁残留的颜色脱去，再打开塞子放走气体，如此重复3～5次，使溶液完全脱色，然后打开塞子，静置1～2min，使溶液完全褪色。

⇨

再依次向各管加入5mL品红-亚硫酸溶液，混匀后盖上塞子，于20℃以上静置0.5h。如果气温不足20℃，要把比色管放于约25℃的水中，放置0.5h后观察颜色情况（鲜艳的蓝紫色），如果显色不够明显，可以再放置约15 min。

⇨

以零管（即0.0mL甲醇标准使用液比色管）调零点，于已经预热完成的分光光度计的590nm波长处测吸光度（保留小数点后两位）。

⇨

根据已经测定的吸光度，绘制标准曲线或者利用相关软件工具求出标准曲线方程，将待测试样吸光度与标准曲线或者标准曲线方程比较，确定待测试样中甲醇的含量。

三、计算与数据处理

1. 数据记录及处理

管　号	1	2	3	4	5	6	7	8（样1）	9（样2）
甲醇标准使用液/mL	0.0	0.10	0.20	0.40	0.60	0.80	0.10	—	—
甲醇含量 m /mg	0	0.05	0.10	0.20	0.30	0.40	0.50		
试样体积 V /mL	—	—	—	—	—	—	—		
吸光度 A_{590}									
甲醇含量 X/（g/100mL）	—	—	—	—	—	—	—		
平均含量/（g/100mL）				极差与平均值之比(%)					

2. 结果计算

试样中甲醇含量 X，数值以克每百毫升（g/100mL）表示，按下式进行计算：

$$X=\frac{m\times 100}{V\times 1000}$$

式中　m—— 测定样品中所含的甲醇相当于标准的毫克数（mg）；

V——待测样品取样的体积（mL）。

在重复条件下获得的两次独立测定结果的绝对值不得超过算数平均数平均值的：含量≥0.10g /100 mL 为小于等于 15%；含量<0.10g /100 mL 为小于等于 20%。

任务评价

学业评价表

序　号	项　目		学习任务的完成情况评价		
			自评（30%）	小组评（30%）	教师评（40%）
1	职业素养	遵守实验室管理规定，严格执行操作程序（10 分）			
2		安全操作，按时完成任务（10 分）			
3		学习积极主动、勤学好问（10 分）			
4		与人协作，相互配合好（5 分）			
5		清洁、整理（5 分）			
6	专业能力	能正确使用分光光度法测定白酒中甲醇的含量（20 分）			
7		操作规范（10 分）			
8		数据处理正确（5 分）			
9		实验结果准确且精确度高（15 分）			
10		认真填写实验报告，且填写正确（10 分）			
11	分数合计（100 分）				
12	存在的问题及建议				
13	综合评价分数				

帮 助

（1）甲醇含量测定的方法主要有比色法、GC 法、HPLC 法、固定化酶 FIA 法、酶电极法、激光拉曼光谱法、Fourier 变换红外光谱法、折射法和蒸馏法 9 种。

（2）亚硫酸品红溶液呈红色时应重新配制，新配制的亚硫酸品红溶液放冰箱中 24～48h 后再用为好。

（3）温度的影响：当试验加入草酸-硫酸溶液使各管溶液褪色放出热量，温度升高，此时需适当冷却，才能加入亚硫酸品红溶液。亚硫酸品红显色时，温度最好控制在 20℃以上，温度越低，所需的显色时间越长，温度越高所需的显色时间越短，但显色的稳定时间也短。另外，标准管和试样显色温度之差不应超过 1℃，因为温度对吸光度有影响。

（4）酸度的影响：试验显色时，酸度过低，甲醛和亚硫酸显色就不完全；酸度过高反而会降低显色的灵敏度。

（5）草酸-硫酸溶液的浓度影响：在配制草酸-硫酸溶液时，所称取的草酸量一定要准确，如果溶液浓度过高，过剩的草酸就会将亚硫酸品红还原而成红色；反之，就不能使溶液褪色。

（6）试剂称取量的影响：试剂碱性品红的称取量不可过量，否则褪色困难。我们曾对白杨特曲、白杨大曲酒作试验，在白杨特曲系列管中，各加了 5mL 称取稍过量的碱性品红，结果表明过量的碱性品红的量不同，相应的反应褪色时间也不同，加过量的碱性品红试样管的褪色较困难。另外，所需的亚硫酸品红溶液最好是新配制的，在常温下，最多放置 1～2d，而且要避光存放。

（7）甲醇与乙醇的关系：甲醇显色灵敏度与乙醇浓度有密切的关系，试样显色灵敏度随乙醇浓度的改变而改变，乙醇浓度越高，甲醇显色灵敏度越低。当乙醇浓度在 50%～60%之间时，甲醇显色较灵敏。故在操作中试样管与标准管显色时乙醇浓度应严格控制一致。

（8）严格遵守显色半小时后比色。酒中的醛类以及经高锰酸钾氧化其他醇生成的醛（乙醛、丙醛等），与亚硫酸品红作用也显色。但是在一定浓度的硫酸酸性下，除甲醛可以形成经久不变的紫色外，其他醛所形成的色泽会慢慢消褪。因此必须严格遵守显色半小时后，测定吸光度的规程。

任务 10-4 啤酒中双乙酰含量的测定——分光光度法

双乙酰是赋予啤酒风味的重要物质，其含量多少直接影响啤酒的品质。此外，双乙酰是品评啤酒成熟与否的主要依据，因此在现代啤酒生产过程中对双乙酰含量的测定变得越来越重要。双乙酰是最主要的生青味物质，含量过高会产生馊饭味，导致啤酒口感下降，并且双乙酰含量高的啤酒更容易让消费者“上头”，不容易醒酒。综上所述，对啤酒中双乙酰含量的测定不仅可以对啤酒生产过程进行指导，还可以监测评估啤酒的品质，因此啤酒中双乙酰含量的测定是相当重要的。

任务目标

（1）明白啤酒中双乙酰含量测定的原理。

（2）学会啤酒中双乙酰含量测定的技术，包括双乙酰的蒸馏，分光光度计的使用、显色和测量，双乙酰含量的计算等。

任务分析

啤酒中双乙酰含量测定的原理是：用蒸汽将双乙酰从啤酒中蒸馏出来，与邻苯二胺反应，生成2，3-二甲喹喔啉，在波长335nm下测其吸光度。由于其他联二酮类都具有相同的反应特性，再加上蒸馏过程中部分前驱体要转化成联二酮，因此上述测定结果为总联二酮含量（以双乙酰表示）。根据这一原理，把学习任务分为：

（1）双乙酰的蒸馏。

（2）显色与测量。

（3）计算与数据处理。

任务实施

（参考GB/T 4928—2008）

一、任务准备

1．试剂单

序　号	名　称	规格或要求	配制方法	备　注
1	盐酸溶液	4mol/L	移取333.3mL浓盐酸，加水稀释至1000mL，混匀即可	
2	邻苯二胺溶液	10g/L	称取邻苯二胺0.100g，用4mol/L的盐酸溶液溶解，并定容至10mL，摇匀，放于暗处。此溶液需当天配制与使用，若配制出来的溶液呈红色的，则应重新配制	
3	有机硅消泡剂或甘油聚醚	—	—	
4	冰水	—	—	
5	啤酒样品	—	—	

2．仪器单

序　号	名　称	规　格	数　量	备　注
1	双乙酰蒸馏器	带有加热套管	1套	
2	蒸汽发生瓶	2L或3L锥形瓶或平底蒸馏烧瓶	1个	
3	容量瓶	10mL、25mL、1L	各1个	
4	玻璃棒	—	3根	
5	紫外分光光度计	备有20mm或10mm的石英比色皿	1台	
6	烧杯	100mL	若干	
7	量筒	100mL、500mL	各1个	
8	移液管或吸量管	1mL、2mL、5mL、10mL	各若干	
9	比色管	15mL	2根	

二、双乙酰的蒸馏

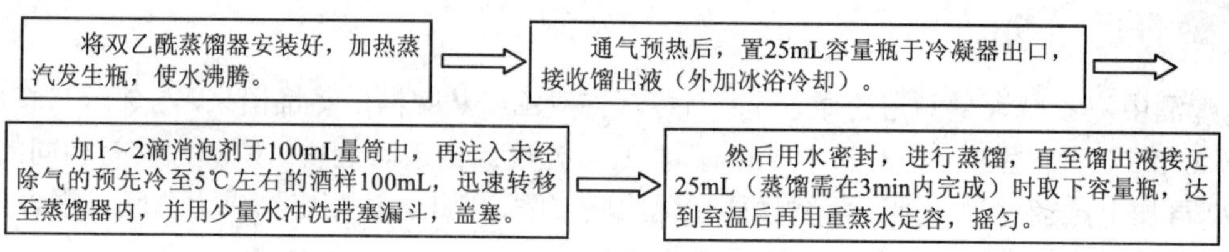

三、显色与测量

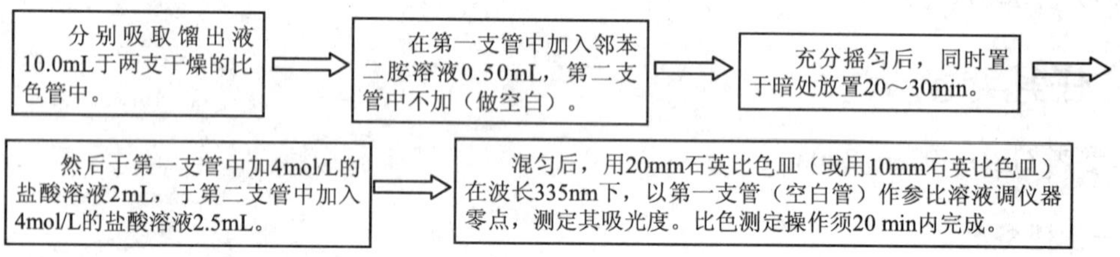

四、计算与数据处理

1．数据记录及处理

记 录 项 目	1	2
试样在波长 335nm 下，用 20mm 石英比色皿测得的吸光度 A_{335}		
试样中双乙酰含量 X/（mg/L）		
平均值/（mg/L）		
极差与平均值之比（%）		

2．结果计算

试样中双乙酰含量 X，数值以毫克每升（mg/L）表示，按下式计算：

$$X = A_{335} \times 1.2$$

式中 A_{335}——试样在波长 335 nm 下，用 20mm 石英比色皿测得的吸光度；

1.2——吸光度与双乙酰含量的换算系数。

3．注意事项

（1）如果用 10 mm 石英比色皿，吸光度与双乙酰含量的换算系数为 2.4。

（2）所得结果表示至两位小数。

（3）在重复性条件下获得的两次独立测定结果的绝对差值不得超过算数平均值的 10%。

任务评价

学业评价表					
序　号	项　目		学习任务的完成情况评价		
			自评（30%）	小组评（30%）	教师评（40%）
1	职业素养	遵守实验室管理规定，严格执行操作程序（10分）			
2		安全操作，按时完成任务（10分）			
3		学习积极主动、勤学好问（10分）			
4		与人协作，相互配合好（5分）			
5		清洁、整理（5分）			
6	专业能力	能测定啤酒中双乙酰的含量（20分）			
7		操作规范（10分）			
8		数据处理正确（5分）			
9		实验结果准确且精确度高（15分）			
10		认真填写实验报告，且填写正确（10分）			
11	分数合计（100分）				
12	存在的问题及建议				
13	综合评价分数				

帮　助

（1）邻苯二胺药品必须存放在暗处，配置好的邻苯二胺溶液须无色透明。若配制出来的溶液呈红色，一定要重新配制。邻苯二胺溶液当天配制当天用，最好能做到现配现用。

（2）双乙酰蒸馏操作时加入啤酒试样一定要迅速，并且将啤酒试样全部转移，密封完全，防止双乙酰损失。蒸馏过程要在3min内完成。

（3）双乙酰蒸馏过程中，需要严格控制蒸汽产生量，目的是避免泡沫过高，被蒸汽带走而导致蒸馏失败；如果泡沫过多，则可考虑多加1～2滴消泡剂。

（4）显色反应必须在暗处进行，否则会导致测定的双乙酰含量偏高。

（5）显色反应的温度越高，反应速度越快，颜色越深，结果偏高；显色反应的温度越低，反应速度越慢，颜色越浅，结果偏低。国标中没有注明反应温度，一般应控制在室温左右进行。

>>>任务10-5　白酒中铅含量的测定——石墨炉原子吸收光谱法

铅是一种毒性很强的重金属，人体摄入铅0.04g即可引起急性中毒，20g可以致死。铅通过酒引起急性中毒是比较少的，主要是慢性积蓄中毒。如每人每日摄入 10mg 铅，短时间就能出现中毒，目前规定每 24h 内，进入人体的最高铅量为 0.2～0.25mg。随着进入人体铅量的增加，可出现头痛、头昏、记忆力减退、睡眠不好、手的握力减弱、贫血、腹胀、便秘等症状。

白酒内的铅主要是由蒸馏器、冷凝导管、贮酒容器中的铅经溶蚀而来。以上器具的含铅量越高，且酒的酸度越高，则器具的铅溶蚀越大。测定白酒中铅的含量对人的身体健康有重要意义。

任务目标

（1）理解石墨炉原子吸收光谱法测定白酒中铅含量的原理。

（2）学会石墨炉原子吸收光谱法测定白酒中铅含量的操作技术，包括试样的制备、分析测定、数据处理。

任务分析

石墨炉原子吸收光谱法测定白酒中铅含量的原理是：试样经灰化或酸消解后，注入原子吸收分光光度计石墨炉中，电热原子化后吸收 283.3nm 共振线，在一定浓度范围，其吸收值与铅含量成正比，与标准系列比较定量。根据这一原理，把学习任务分为：

（1）试样的制备。

（2）分析测定。

（3）计算与数据处理。

任务实施

（参考 GB 5009.12—2010）

一、任务准备

1. 试剂单

本方法所使用试剂若无特殊说明均为分析纯，水为 GB/T 6682—2008 规定的一级水。

序号	名称	规格或要求	配制方法	备注
1	硝酸	1%	吸取 1mL 硝酸置于适量水中，再稀释至于 100mL	
2	磷酸二氢铵溶液	20g/L	称取 2.0g 磷酸二氢铵，以水溶解稀释至 100mL	
3	铅标准储备液	1mg/mL	准确称取 1.000g 金属铅（99.99%），分次加少量硝酸（1+1），加热溶解，总量不超过 37mL，移入 1000mL 容量瓶，加水至刻度，混匀	
4	铅标准使用液	浓度梯度	每次吸取铅标准储备液 1.0mL 于 100mL 容量瓶中，加硝酸至刻度。如此经多次稀释成每毫升含 10.0ng、20.0ng、40.0ng、60.0ng、80.0ng 铅的标准使用液	
5	硝酸	（1+1）	取 50mL 硝酸慢慢加入 50mL 水中	

2．仪器和设备单

序　号	名　称	规格或要求	数　量	备　注
1	原子吸收光谱仪	—	1 台	附石墨炉及铅空心阴极灯
2	移液管	25mL	1 根	
3	移液管	5mL	1 根	
4	移液管	1mL	6 根	
5	容量瓶	100mL	7 个	
6	比色管	50mL	2 根	
7	量筒	50mL	1 个	
8	烧杯	250mL	1 个	
9	烧杯	100mL	3 个	
10	烧杯	50mL	2 个	
11	水浴锅	—	1 台	
12	天平	0.0001	1 台	

二、试样的制备

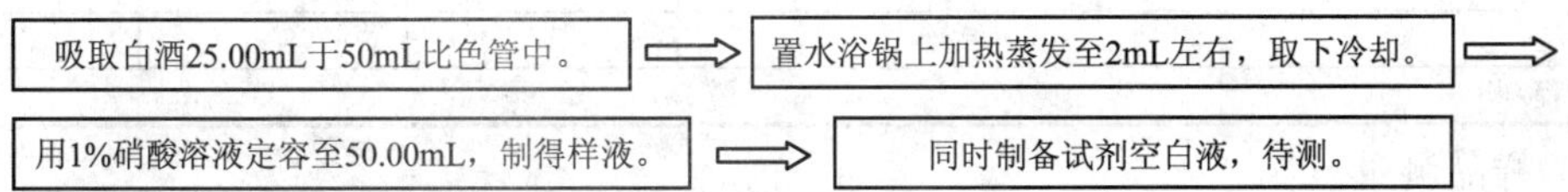

三、分析测定

1．仪器条件

根据各自仪器性能调至最佳状态。参考条件：波长 283.3nm，狭缝 0.2～1.0nm；灯电流 5～7mA；干燥温度 120℃，持续 20s；灰化温度 450℃，持续 15～20s；原子化温度 1700～2300℃，持续 4～5s；背景校正为氘灯或塞曼效应。

2．测定方法

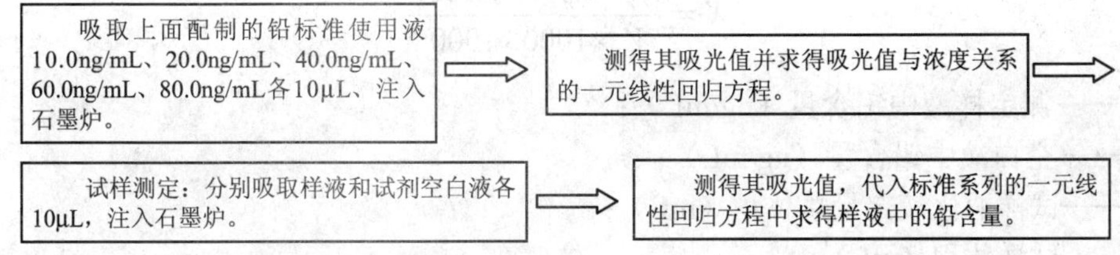

3．标准曲线绘制

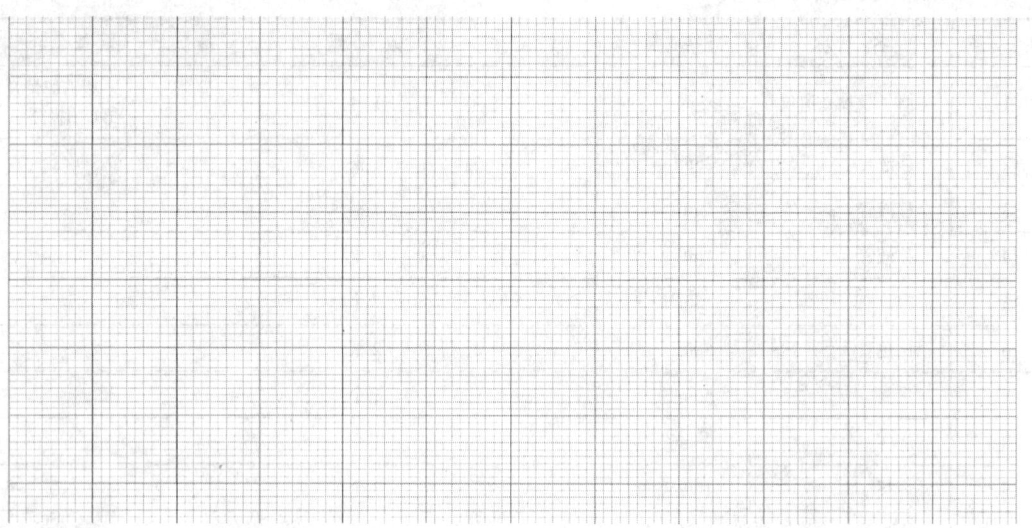

四、计算与数据处理

1．数据记录及处理

（1）标准曲线

编　号	1	2	3	4	5
铅标准使用液的浓度/(ng/mL)					
吸光度					
回归方程					

（2）样品测量

记 录 项 目	1	2	空　白
试样体积 V_0/mL			—
试样消化液定量总体积 V_1/mL			—
测定样液及空白液中的铅含量 c_1、c_0 /（ng/mL）			
试样中的铅含量 X/（mg/L）			
平均值/（mg/L）			
极差与平均值之比（%）			

2．结果计算

试样中的铅含量 X，数值以毫克每升（mg/L）表示，按下式进行计算：

$$X=\frac{(c_1-c_0)\times V_1\times 1000}{V_0\times 1000\times 1000}$$

式中 c_1——测定样液中铅含量（ng/mL）；

c_0——空白液中铅含量（ng/mL）；

V_1——试样消化液定量总体积（mL）；

V_0——试样体积（mL）。

以重复性条件下获得的两次独立测定结果的算术平均值表示，结果保留两位有效数字。

任务评价

学业评价表					
序　号	项　目		学习任务的完成情况评价		
			自评（30%）	小组评（30%）	教师评（40%）
1	职业素养	遵守实验室管理规定，严格执行操作程序（10 分）			
2		安全操作，按时完成任务（10 分）			
3		学习积极主动、勤学好问（10 分）			
4		与人协作，相互配合好（5 分）			
5	职业素养	清洁、整理（5 分）			
6	专业能力	能测定白酒中铅的含量（20 分）			
7		操作规范（10 分）			
8		数据处理正确（5 分）			
9		实验结果准确且精确度高（15 分）			
10		认真填写实验报告，且填写正确（10 分）			
11	分数合计（100 分）				
12	存在的问题及建议				
13	综合评价分数				

帮　助

（1）在重复性条件下获得的两次独立测定结果的绝对差值不得超过算术平均值的 20%。

（2）石墨炉原子吸收光谱法的检出限为 0.005mg/kg。

（3）对于干扰试样，需注入适量的基体改进剂磷酸二氢铵溶液（一般为 5μL 或与试样同量）消除干扰。绘制铅标准曲线时也要加入与试样测定时等量的基体改进剂磷酸二氢铵溶液。

（4）采样过程不能污染。

（5）其他样品参考 GB 5009.12—2010 的处理方法。

>>> 任务 10-6　白酒中铜含量的测定——原子吸收光谱法

铜是人体健康不可缺少的微量营养素，对于血液、中枢神经和免疫系统，头发、皮肤和骨骼组织，以及脑子和肝、心等内脏的发育和功能有重要影响。但过多的铜进入体内会使人出现恶心、呕吐、上腹疼痛、急性溶血和肾小管变形等中毒现象。世界卫生组织推荐成人每天应摄入 2～3mg 的铜。

任务目标

（1）学会原子吸收光谱法操作技术，包括样品的处理、设备的使用及结果计算等。

任务分析

原子吸收光谱法测定白酒中铜含量的原理是：样品经处理后，导入原子吸收分光光度计中，原子化以后，吸收 324.8nm 共振线，其吸收量与铜含量成正比，与标准系列比较定量。根据这一原理，把学习任务分为：

（1）分析测定。

（2）计算与数据处理。

任务实施

（参考 GB/T 5009.13—2003）

一、任务准备

1. 试剂单

本实验用水均为去离子水。

序　号	名　称	规　格	配 制 方 法	备　注
1	硝酸	0.5 %	取 0.5mL 硝酸置于适量水中，再稀释至 100mL	
2	硝酸	4+6	取 40mL 硝酸置于适量水中，再稀释至 100mL	
3	硝酸	10 %	取 10mL 硝酸置于适量水中，再稀释至 100mL	
4	铜标准溶液	—	准确称取 1.000 0g 金属铜（99.99%），分次加入硝酸（4+6）溶解，总量不超过 37mL，移入 1000mL 容量瓶中，用水稀释至刻度。此溶液每毫升相当于 1.0mg 铜	
5	铜标准使用液	—	吸取 10.0mL 铜标准溶液，置于 100mL 容量瓶中，用 0.5%硝酸溶液稀释至刻度，摇匀，如此多次稀释至每毫升相当于 1.0μg 铜	

2. 仪器和设备单

所用玻璃仪器均以硝酸（10%）浸泡 24h 以上，用水反复冲洗，最后用去离子水冲洗晾干后，方可使用。

序　号	名　称	规　格	数　量	备　注
1	原子吸收分光光度计	—	1 台	
2	电子天平	0.0001	1 台	
3	吸量管	10.00 mL	4 支	
4	吸量管	1.00mL	2 支	
5	容量瓶	1000mL	1 个	
6	容量瓶	100mL	3 个	
7	容量瓶	10mL	7 个	
8	量筒	1000mL	1 个	
9	量筒	50mL	1 个	

二、分析测定

1. 仪器条件

灯电流 3～6mA，波长 324.8nm，光谱通带 0.5nm，空气流量 9L/min，乙炔流量 2L/min，灯头高度 6mm，氘灯背景校正。

2. 测定方法

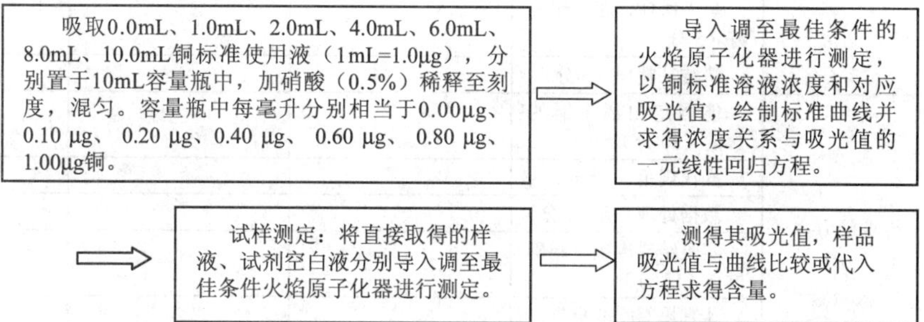

三、计算与数据处理

1. 数据记录及处理

项　目	1	2
样品体积 m_1/mL		
测定用样品中铜的含量 A_1/（μg/mL）		
试剂空白液中铜的含量 A_2/（μg/mL）		
样品处理后的总体积 V_1/mL		
样品中铜的含量 X/（mg/L）		

2. 结果计算

试样中铜含量按下式进行计算：

$$X=\frac{(A_1-A_2)\times V_1\times 1000}{m_1\times 1000}$$

式中 X——样品中铜的含量（mg/L）；

A_1——测定用样品中铜的含量（μg/mL）；

A_2——试剂空白液中铜的含量（μg/mL）；

V_1——样品处理后的总体积（mL）；

m_1——样品体积（mL）。

任务评价

学业评价表

序　号	项　目		学习任务的完成情况评价		
			自评（30%）	小组评（30%）	教师评（40%）
1	职业素养	遵守实验室管理规定，严格执行操作程序（10分）			

（续）

<table>
<tr><th colspan="6">学业评价表</th></tr>
<tr><th rowspan="2">序　号</th><th rowspan="2" colspan="2">项　目</th><th colspan="3">学习任务的完成情况评价</th></tr>
<tr><th>自评（30%）</th><th>小组评（30%）</th><th>教师评（40%）</th></tr>
<tr><td>2</td><td rowspan="4">职业素养</td><td>安全操作，按时完成任务（10分）</td><td></td><td></td><td></td></tr>
<tr><td>3</td><td>学习积极主动、勤学好问（10分）</td><td></td><td></td><td></td></tr>
<tr><td>4</td><td>与人协作，相互配合好（5分）</td><td></td><td></td><td></td></tr>
<tr><td>5</td><td>清洁、整理（5分）</td><td></td><td></td><td></td></tr>
<tr><td>6</td><td rowspan="5">专业能力</td><td>能测定白酒中铜的含量（20分）</td><td></td><td></td><td></td></tr>
<tr><td>7</td><td>操作规范（10分）</td><td></td><td></td><td></td></tr>
<tr><td>8</td><td>数据处理正确（5分）</td><td></td><td></td><td></td></tr>
<tr><td>9</td><td>实验结果准确且精确度高（15分）</td><td></td><td></td><td></td></tr>
<tr><td>10</td><td>认真填写实验报告，且填写正确（10分）</td><td></td><td></td><td></td></tr>
<tr><td>11</td><td colspan="2">分数合计（100分）</td><td colspan="3"></td></tr>
<tr><td>12</td><td colspan="2">存在的问题及建议</td><td colspan="3"></td></tr>
<tr><td>13</td><td colspan="2">综合评价分数</td><td colspan="3"></td></tr>
</table>

帮　助

（1）在重复性条件下获得的两次独立测定结果的绝对差值不得超过算术平均值的10%。

（2）火焰原子化法的检出限为1.0mg/kg。

（3）不同样品的处理方法

1）把谷类（除去外壳）、茶叶、咖啡等磨碎，过20目筛，混匀。蔬菜、水果等试样取可食部分，切碎、捣成匀浆。浓缩步骤如下：称取1.00～5.00g试样，置于石英或瓷坩埚中，加5mL硝酸，放置0.5小时，小火蒸干，继续加热炭化，移入马弗炉中，500℃±25℃灰化1h，取出放冷，再加1mL硝酸浸湿灰分，小火蒸干。再移入马弗炉中，500℃灰化0.5h，冷却后取出，以1mL硝酸（1+4）溶解4次，移入10.0mL容量瓶中，用水稀释至刻度，备用。取与消化试样相同量的硝酸，按同一方法做试剂空白试验。

2）水产类：取可食部分捣成匀浆，称取1.00～5.00g，按上法处理。

3）乳、炼乳、乳粉：称取2.00g混匀试样，处理方法同上。

4）油脂类：称取2.00g混匀试样，固体油脂先加热融成液体，置于100mL分液漏斗中，加10mL石油醚，用硝酸（10%）提取2次，每次5mL，振摇1min，合并硝酸液于50mL容量瓶中加水稀释至刻度，混匀，备用，并同时作试剂空白试验。

5）饮料、酒、醋、酱油等液体样品，直接取样测定，固形物较多时或仪器灵敏度不足时，可把上述样品进行浓缩。将样品先捣成匀浆，再进行浓缩，浓缩方法同上述第1点谷类等的处理方法。

硝酸（1+4）的配制方法：量取20mL硝酸置于适量水中，再稀释至100mL。

处理后样品中铜的含量按以下公式计算：

$$X=\frac{(A_1-A_2)\times V\times 1000}{m\times 1000}$$

式中　X—— 样品中铜的含量（mg/L）；

A_1——测定用样品中铜的含量（μg/mL）；

A_2——试剂空白液中铜的含量（μg/mL）；

V——试样处理后总体积（mL）；

m——试样质量（g）或体积（mL）。

（4）本实验还可以用石墨炉法测定。

1）配置：把铜标准液再稀释至每毫升相当于 0.10μg 铜。

2）测定方法：

吸取0.0mL、1.0mL、2.0mL、4.0mL、6.0mL、8.0mL、10.0mL铜标准使用液（1mL相当于0.1mg铜），分别置于10mL容量瓶中，加硝酸（0.5%）稀释至刻度，混匀。容量瓶中每毫升分别相当于0.00μg、0.01μg、0.02μg、0.04μg、0.06μg、0.08μg、0.10 μg铜。	⇨	导入调至最佳条件的石墨炉原子化器进行测定，其余步骤同火焰法。

3）公式：

$$X=\frac{(A_1-A_2)\times 1000}{V\times(V_1-V_2)\times 1000}$$

式中　X—— 试样中铜的含量（mg/mL）；

A_1——测定用试样消化液中铜的质量（μg）；

A_2——试剂空白液中铜的质量（μg）；

V——试样体积，单位为（mL）；

V_1——试样消化液的总体积（mL）；

V_2——测定用试样消化液体积（mL）。

计算结果保留两位有效数字，试样含量超过 10mg/kg 时保留三位有效数字。

4）精密度

重复性条件下获得的两次独立测定结果的绝对差值不得超过算术平均值的 10%。

>>> 任务 10-7　不含淀粉的奶粉中维生素 C 含量的测定——荧光分光光度法

任务目标

（1）理解荧光分光光度法测定不含淀粉的奶粉中维生素 C 含量的原理。

（2）学会荧光分光光度法测定不含淀粉的奶粉中维生素 C 含量的操作技术，包括试样的制备、分析测定、数据处理。

任务分析

维生素C在活性炭存在下氧化成脱氢抗坏血酸，它与邻苯二胺反应生成荧光物质，用荧光分光光度计测定其荧光强度，其荧光强度与维生素C的浓度成正比，以外标法定量。根据这一原理，把学习任务分为：

（1）试样的制备。

（2）分析测定。

（3）计算与数据处理。

任务实施

（参考GB 5413.18—2010）

一、任务准备

1. 试剂清单

除非另有规定，本方法所用试剂均为分析纯，水为GB/T 6682规定的三级水。

序　号	名　称	规格或要求	配制方法	备　注
1	偏磷酸-乙酸溶液	—	称取15g偏磷酸及40mL乙酸(36%)于200mL水中，溶解后稀释至500mL备用	
2	维生素C标准液	100μg/mL	称取0.05g维生素C标准品，用偏磷酸-乙酸溶液溶解并定容至50mL，再准确吸取10mL该溶液用偏磷酸-乙酸溶液稀释并定容至100mL	临用前配制
3	酸性活性炭	—	称取粉状活性炭(化学纯，80～200目)约200g，加入1L体积分数为10%的盐酸，加热至沸腾，真空过滤，取下结块放在大烧杯中，用水清洗至滤液中无铁离子为止，在110～120℃烘箱中干燥约10小时后使用	
4	乙酸钠	—	用水溶解500g三水乙酸钠，并稀释至1L	
5	硼酸-乙酸钠溶液	—	称取3.0g硼酸，用乙酸钠溶液溶解并稀释至100mL	临用前配制
6	邻苯二胺溶液	400mg/L	称取40mg邻苯二胺，用水溶解并稀释至100mL	临用前配制
7	亚铁氰化钾	20g/L	—	
8	盐酸	1%	—	

2. 设备清单

序　号	名　称	规格或要求	数　量	备　注
1	荧光分光光度计	—	1台	
2	天平	0.0001g	1台	
3	烘箱	—	1台	
4	电炉	—	1台	
5	真空抽滤设备	—	1台	
6	容量瓶	1000mL	1个	
7	容量瓶	500mL	1个	
8	容量瓶	100mL	4个	
9	容量瓶	50mL	3个	

（续）

序　号	名　称	规格或要求	数　量	备　注
10	容量瓶	25mL	2个	
11	吸量管	10mL	1根	
12	吸量管	5mL	3根	
13	吸量管	2mL	3根	
14	吸量管	1mL	1根	
15	试管	10mL	6根	
16	量筒	250mL	1个	
17	量筒	50mL	1个	
18	三角瓶	250mL	2个	
19	烧杯	500mL	1个	
20	烧杯	250mL	1个	
21	胶头滴管	—	1根	
22	擦镜纸	—	若干	

二、试样的制备

称取混合均匀的固体试样约5g（精确至0.000 1g），用偏磷酸-乙酸溶液溶解，定容至100mL。

⇒

将上述试样及维生素C标准溶液转至放有约2g酸性活性炭的250mL三角瓶中，剧烈振动，过滤（弃去约5mL最初滤液），即为试样及标准溶液的滤液。

⇒

准确吸取5.0mL试样及标准溶液的滤液分别置于25mL及50mL放有5.0mL硼酸-乙酸钠溶液的容量瓶中；静置30min后，用蒸馏水定容，以此作为试样及标准溶液的空白溶液。

⇒

用塑料管量取上层清液5.4mL，转移到1000L容量瓶中，用无二氧化碳的水稀释至1000mL。转入试剂瓶中，待标定备用。

⇒

在此30min内，准确吸取5.0mL试样及标准溶液的滤液放在另外的25mL及50mL放有5.0 mL乙酸钠溶液和15mL水的容量瓶中，用水稀释至刻度。以此作为试样溶液及标准溶液。

⇒

试样待测液：分别准确吸取2.0mL试样溶液及试样的空白溶液于10.0mL试管中，向每支试管中准确加入5.0mL邻苯二胺溶液，摇匀，在避光条件下放置60min后待测。

⇒

标准系列待测液：准确吸取上述标准溶液0.5mL、1.0mL、1.5mL和2.0mL，分别置于10mL试管中，再用水补充至2.0mL。同时准确吸取标准溶液的空白溶液2.0mL于10mL试管中。向每支试管中准确加入5.0mL邻苯二胺溶液，摇匀，在避光条件下放置60min后待测。

三、分析测定

将标准系列待测液立刻移入荧光分光光度计的石英杯中，于激发波长350nm、发射波长430nm条件下测定其荧光值。

⇒

以标准系列荧光值分别减去标准空白荧光值为纵坐标，对应的维生素C质量浓度为横坐标，绘制标准曲线。

⇒

将试样待测液按标准曲线绘制的方法分别测其荧光值。

⇒

试样溶液荧光值减去试样空白溶液荧光值后，在标准曲线上查得对应的维生素C质量浓度。

四、计算数据处理

1．数据记录及处理

记 录 项 目	1	2	3
试样定容体积 V/mL			
试样质量 m/g			
稀释倍数 f			
查得浓度 c/（μg/mL）			
试样中维生素 C 含量 X/（mg/100g）			
平均值/（mg/100g）			
极差与平均值之比（%）			

2．结果计算

试样中维生素 C 含量 X，数值以毫克每百克（mg/100g）表示，按下式进行计算：

$$X=\frac{c\times V\times f}{m}\times\frac{100}{1000}$$

式中 V—— 试样的定容体积（mL）；

c——由标准曲线查得的试样测定液中维生素 C 的质量浓度（μg/mL）；

m——试样的质量（g）；

f——试样稀释倍数。

以重复性条件下获得的两次独立测定结果的算术平均值表示，结果保留至小数点后一位。

3．精密度

在重复性条件下获得两次独立测定结果的绝对差值不得超过算术平均值的 10%。

任务评价

学业评价表					
序 号	项 目		学习任务的完成情况评价		
			自评（30%）	小组评（30%）	教师评（40%）
1	职业素养	遵守实验室管理规定，严格执行操作程序（10 分）			
2		安全操作，按时完成任务（10 分）			
3		学习积极主动、勤学好问（10 分）			
4		与人协作，相互配合好（5 分）			
5		清洁、整理（5 分）			
6	专业能力	能测定奶粉中维生素 C 的含量（20 分）			
7		操作规范（10 分）			
8		数据处理正确（5 分）			
9		实验结果准确且精确度高（15 分）			
10		认真填写实验报告，且填写正确（10 分）			
11	分数合计（100 分）				
12	存在的问题及建议				
13	综合评价分数				

帮 助

（1）在重复性条件下获得两次独立测定结果的绝对差值不得超过算术平均值的10%。

（2）检出限为0.1mg/100g。

任务10-8 蔬菜中有机磷农药残留量的测定——气相色谱法

我国是一个农业大国，农药使用量居世界首位，其中有机磷农药是我国农药工业的主体，是目前使用范围最广、用量最大的农药。国内外农产品的农药监测结果显示，农药残留状况十分普遍而严重，不仅严重危害人们的健康，而且严重地制约了我国农产品的出口能力和国际竞争能力，阻碍了我国农产品有效利用国际市场发展的机会。食品中的化学性污染无论是在发达国家还是发展中国家都是影响食品安全的最主要原因。

任务目标

（1）学会气相色谱仪的工作原理及使用方法。

（2）学会蔬菜中有机磷农药残留的气相色谱测定方法。

任务分析

含有机磷的试样在富氢焰上燃烧，以HPO碎片的形式，放射出波长为526nm的特性光。这种光通过滤光片选择后，由光电倍增管接收，转换成电信号，经微电流放大器放大后被记录下来。试样的峰面积或峰高与标准品的峰面积或峰高进行比较定量。根据这一原理，把学习任务分为：

（1）样品处理。

（2）气相色谱测定。

（3）计算与数据处理。

任务实施

（参考GB/T 5009.20—2003）

一、任务准备

1. 试剂单

序 号	名 称	规格或要求	配 制 方 法	备 注
1	二氯甲烷	分析纯	—	
2	丙酮	分析纯	—	

（续）

序　号	名　称	规格或要求	配 制 方 法	备　注
3	无水硫酸钠	—	在 700℃灼烧 4h 后备用	
4	中性氧化铝	—	在 550℃灼烧 4h	
5	有机磷农药标准贮备液	0.1mg/mL	分别准确称取有机磷农药标准品敌敌畏、乐果、马拉硫磷、对硫磷、甲拌磷、稻瘟净、倍硫磷、杀螟硫磷及虫螨磷各 10.0mg，用苯（或三氯甲烷）溶解并稀释至 100mL，放在冰箱中保存	
6	有机磷农药标准使用液	0.2μg/mL	临用时，用二氯甲烷稀释为使用液，使其浓度为敌敌畏、乐果、马拉硫磷、对硫磷、甲拌磷每毫升各相当于 1μg，稻瘟净、倍硫磷、杀螟硫磷及虫螨磷每毫升各相当于 2.0μg	

2．仪器单

序　号	名　称	规格或要求	数　量	备　注
1	气相色谱仪	—	1	附 FPD
2	组织捣碎机	—	1	
3	旋转蒸发仪	—	1	

二、样品处理

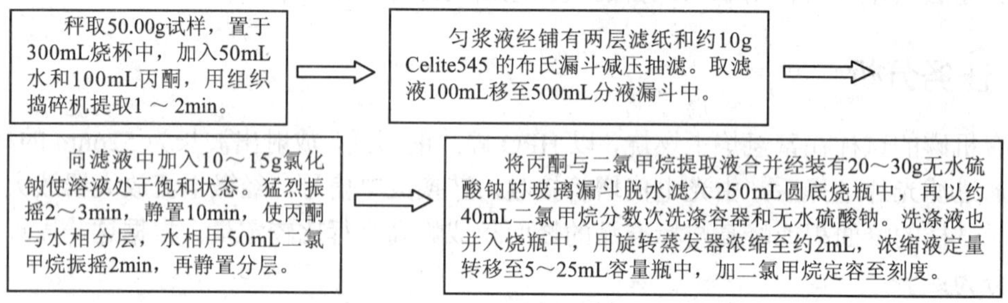

三、气相色谱测定

1．测定条件

（1）色谱柱：玻璃柱 2.6m×3mm（i.d），装填涂有 4.5%DC−200+2.5%OV−17 的 Chromosorb WAWDMCS（60～80 目）的担体；

（2）气体速度：氮气 50mL/min、氢气 100mL/min、空气 50mL/min。

（3）温度：柱箱 240℃，汽化室 260℃，检测器 270℃。

四、计算与数据处理

1．数据采集

在计算机中应用相配套软件进行处理。

记录项目	1	2	3
试样的质量 m/g			
试样中 i 组分的峰面积 A_i			
混合标准液中 i 组分的峰面积 A_{si}			
试样提取液的总体积 V_1/mL			
净化用提取液的总体积 V_2/mL			
浓缩后的定容体积 V_3/mL			
进样体积 V_4/μL			
注入色谱仪中的 i 标准组分的质量 E_{si}/ng			
i 组分有机磷农药的含量 X_i/（mg/kg）			
平均值/（mg/kg）			
极差与平均值之比（%）			

2．i 组分有机磷农药的含量 X_i，数值以毫克每千克（mg/kg）表示，按下式进行计算：

$$X_i=\frac{A_i\times V_1\times V_3\times E_{si}\times 1000}{A_{si}\times V_2\times V_4\times m\times 1000}$$

式中　A_i——试样中 i 组分的峰面积（积分单位）；

A_{si}——混合标准液中 i 组分的峰面积（积分单位）；

V_1——试样提取液的总体积（mL）；

V_2——净化用提取液的总体积（mL）；

V_3——浓缩后的定容体积（mL）；

V_4——进样体积（μL）；

E_{si}——注入色谱仪中的 i 标准组分的质量（ng）；

m——试样的质量（g）。

在重复性条件下获得的两次独立测定结果的绝对差值不得超过算术平均值的 15%。

任务评价

学业评价表

序号	项目		学习任务的完成情况评价		
			自评（30%）	小组评（30%）	教师评（40%）
1	职业素养	遵守实验室管理规定，严格执行操作程序（10分）			
2		安全操作，按时完成任务（10分）			
3		学习积极主动、勤学好问（10分）			
4		与人协作，相互配合好（5分）			
5		清洁、整理（5分）			
6	专业能力	能测定蔬菜中有机磷农药残留量（20分）			

（续）

学业评价表					
序　号	项　　目		学习任务的完成情况评价		
			自评（30%）	小组评（30%）	教师评（40%）
7	专业能力	操作规范（10 分）			
8		数据处理正确（5 分）			
9		实验结果准确且精确度高（15 分）			
10		认真填写实验报告，且填写正确（10 分）			
11	分数合计（100 分）				
12	存在的问题及建议				
13	综合评价分数				

帮　助

（1）载气必须是纯净的，所有气源纯度要求在99.99%以上，因其污染物可能与样品或色谱柱反应产生假峰，进入检测器使基线噪音增大等。

（2）进样方式一般有两种，即手动进样和自动进样。如果采用手动进样应注意：①将样品充入注射器，准确调节进样量；②将注射器的针尖以尽可能快的速度穿过进样口隔垫；③快速压下注射器推杆；④立即把针从进样口拔出。

任务 10-9　果汁类饮料中山梨酸、苯甲酸含量的测定——高效液相色谱法

山梨酸和苯甲酸常作为防腐剂应用于饮料中，但是由于它们具有潜在的毒副作用，我国对它们在食品中的使用量有严格的要求。测定饮料中山梨酸、苯甲酸含量有利于帮助我们判断产品的质量。按照 GB/T 5009.29—2003，测定食品中苯甲酸、山梨酸的方法有气相色谱法、高效液相色谱法、离子选择电极法、薄层色谱法。其中高效液相色谱法是常用的方法。

任务目标

（1）学会高效液相色谱仪的工作原理及使用方法。

（2）学会果汁类饮料中山梨酸、苯甲酸的测定方法。

任务分析

样品加温除去二氧化碳和乙醇，调节 pH 至近中性，过滤后进高效液相色谱仪，经反相色谱分离后，根据保留时间和峰面积进行定性和定量。根据这一原理，把学习任务分为：

（1）样品处理。

（2）液相色谱测定。

（3）计算与数据处理。

（参考 GB/T 5009.29—2003）

一、任务准备

1．试剂单

序　号	名　称	规格或要求	配 制 方 法	备　注
1	甲醇	色谱纯	经滤膜 0.5μm 过滤	
2	稀氨水	1＋1	氨水加水等体积混合	
3	乙酸铵溶液	0.02mol/L	称取 1.54g 乙酸铵，加水至 1000mL，溶解，经滤膜 0.45μm 过滤	
4	碳酸氢钠溶液	20g/L	称取 2g 碳酸氢钠优级纯，加水至 100mL，振摇溶解	
5	苯甲酸标准储备溶液	1mg/mL	准确称取 0.1g 苯甲酸，加碳酸氢钠溶液（20g/L）5mL，加热溶解，移入 100mL 容量瓶中，加水定容至 100mL	
6	山梨酸标准储备溶液	1mg/mL	准确称取 0.1g 山梨酸，加碳酸氢钠溶液 20g/L 5mL，加热溶解，移入 100mL 容量瓶中，加水定容至 100mL	
7	苯甲酸、山梨酸标准混合使用溶液	0.1mg/mL	取苯甲酸、山梨酸标准储备溶液各 10.0mL，放入 100mL 容量瓶中，加水至刻度，经滤膜 0.45μm 过滤	

2．仪器单

序　号	名　称	规格或要求	数　量	备　注
1	高效液相色谱仪	—	1	带紫外检测器

二、样品处理

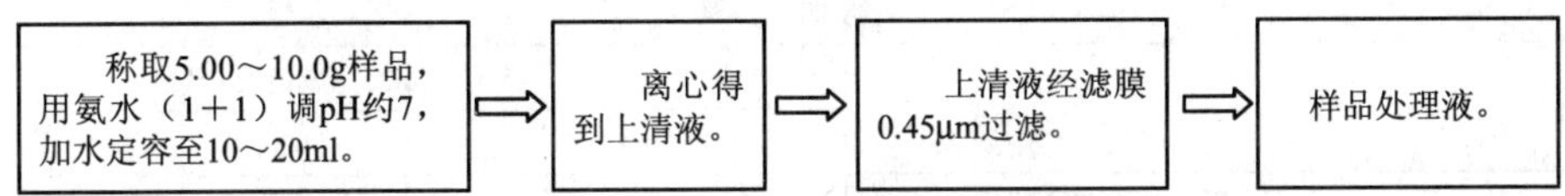

三、液相色谱测定

如下测定条件

（1）色谱柱：YWG–C_{18} 4.6mm×250mm，10μm 不锈钢柱。

（2）流动相：甲醇:乙酸铵溶液（0.02mol/L=5:95。

（3）流速：1mL/min。

（4）进样量：10μL。

（5）检测器：紫外检测器，波长230μm，灵敏度0.2AUFS。

四、计算与数据处理

1．数据采集

在计算机中应用相配套软件进行处理。

记 录 项 目	1	2	3
样品质量 m/g			
样品稀释液总体积 V_1/mL			
进样体积 V_2/mL			
进样体积中苯甲酸或山梨酸的质量 A/mg			
苯甲酸或山梨酸的含量 X/（g/kg）			
平均值/（g/kg）			
极差与平均值之比（%）			

2．结果计算

试样中苯甲酸或山梨酸的含量X，数值以克每千克（g/kg）表示，按下式进行计算：

$$X=\frac{A\times 1000}{m\times \frac{V_2}{V_1}\times 1000}$$

式中 A——进样体积中苯甲酸或山梨酸的质量（mg）；

V_2——进样体积（mL）；

V_1——样品稀释液总体积（mL）；

m——样品质量（g）。

计算结果保留两位有效数字。在重复性条件下获得的两次独立测定结果的绝对差值不得超过算术平均值的10%。

任务评价

学业评价表					
序 号	项 目		学习任务的完成情况评价		
			自评（30%）	小组评（30%）	教师评（40%）
1	职业素养	遵守实验室管理规定，严格执行操作程序（10分）			
2		安全操作，按时完成任务（10分）			
3		学习积极主动、勤学好问（10分）			
4		与人协作，相互配合好（5分）			
5		清洁、整理（5分）			

（续）

学业评价表					
序　　号	项　　目		学习任务的完成情况评价		
			自评（30%）	小组评（30%）	教师评（40%）
6	专业能力	能测定果汁类饮料中苯甲酸、山梨酸含量（20分）			
7		操作规范（10分）			
8		数据处理正确（5分）			
9		实验结果准确且精确度高（15分）			
10		认真填写实验报告，且填写正确（10分）			
11	分数合计（100分）				
12	存在的问题及建议				
13	综合评价分数				

帮　助

注意液相色谱柱pH使用的范围。

附　　录

附录 A　不同温度下标准滴定溶液的体积的补正值表

[1000mL 溶液由 t℃换为 20℃时的补正值/（mL/L）]

温度/℃	水和0.05mol/L以下的各种水溶液	0.1mol/L和0.2mol/L以下的各种水溶液	盐酸溶液 c（HCl）=0.5mol/L	盐酸溶液 c（HCl）=1mol/L	硫酸溶液 c（$1/2H_2SO_4$）=0.5mol/L，氢氧化钠溶液 c（NaOH）=0.5mol/L	硫酸溶液 c（$1/2H_2SO_4$）=1mol/L，氢氧化钠溶液 c（NaOH）=1mol/L	碳酸钠溶液 c（$1/2Na_2CO_3$）=1mol/L	氢氧化钾-乙醇溶液 c（KOH）=0.1mol/L
5	+1.38	+1.7	+1.9	+2.3	+2.4	+3.6	+3.3	
6	+1.38	+1.7	+1.9	+2.2	+2.3	+3.4	+3.2	
7	+1.36	+1.6	+1.8	+2.2	+2.2	+3.2	+3.0	
8	+1.33	+1.6	+1.8	+2.1	+2.2	+3.0	+2.8	
9	+1.29	+1.5	+1.7	+2.0	+2.1	+2.7	+2.6	
10	+1.23	+1.5	+16	+1.9	+2.0	+2.5	+2.4	+10.8
11	+1.17	+1.4	+1.5	+1.8	+1.8	+2.3	+2.2	+9.6
12	+1.10	+1.3	+1.4	+1.6	+1.7	+2.0	+2.0	+8.5
13	+0.99	+1.1	+1.2	+1.4	+1.5	+1.8	+1.8	+7.4
14	+0.88	+1.0	+1.1	+1.2	+1.3	+1.6	+1.5	+6.5
15	+0.77	+0.9	+0.9	+1.0	+1.1	+1.3	+1.3	+5.2
16	+0.64	+0.7	+0.8	+0.8	+0.9	+1.1	+1.1	+4.2
17	+0.50	+0.6	+0.6	+0.6	+0.7	+0.8	+0.8	+3.1
18	+0.34	+0.4	+0.4	+0.4	+0.5	+0.6	+0.6	+2.1
19	+0.18	+0.2	+0.2	+0.2	+0.2	+0.3	+0.3	+1.0
20	0.00	0.00	0.00	0.0	0.0	0.0	0.0	0.0
21	−0.18	−0.2	−0.2	−0.2	−0.2	−0.3	−0.3	−1.1
22	−0.38	−0.4	−0.4	−0.5	−0.5	−0.6	−0.6	−2.2
23	−0.58	−0.6	−0.7	−0.7	−0.8	−0.9	−0.9	−3.3
24	−0.80	−0.9	−0.9	−1.0	−1.0	−1.2	−1.2	−4.2
25	−1.03	−1.1	−1.1	−1.2	−1.3	−1.5	−1.5	−5.3
26	−1.26	−1.4	−1.4	−1.4	−1.5	−1.8	−1.8	−6.4
27	−1.51	−1.7	−1.7	−1.7	−1.8	−2.1	−2.1	−7.5
28	−1.76	−2.0	−2.0	−2.0	−2.1	−2.4	−2.4	−8.5
29	−2.01	−2.3	−2.3	−2.3	−2.4	−2.8	−2.8	−9.6
30	−2.30	−2.5	−2.5	−2.6	−2.8	−3.2	−3.1	−10.6
31	−2.58	−2.7	−2.7	−2.9	−3.1	−3.5		−11.6
32	−2.86	−3.0	−3.0	−3.2	−3.4	−3.9		−12.6
33	−3.04	−3.2	−3.3	−3.5	−3.7	−4.2		−13.7
34	−3.47	−3.7	−3.6	−3.8	−4.1	−4.6		−14.8
35	−3.78	−4.0	−4.0	−4.1	−4.4	−5.0		−16.0
36	−4.10	−4.3	−4.3	−4.4	−4.7	−5.3		−17.0

注：1．本表数值是以 20℃为标准温度以实测法测出。

2．表中带有“+”“−”号的数值是以 20℃为分界。室温低于 20℃的补正值为“+”，高于 20℃的补正值为“−”。

3．本表的用法：如 1L 硫酸溶液[c（$1/2H_2SO_4$）=1 mol/L]由 25℃换算为 20℃时，其体积补正值为−1.5mL，故 40.00mL 换算为 20℃时的体积为

$$40.00-\frac{1.5}{1000}\times 40.00=39.94\text{（mL）}$$

附录 B　糖锤度温度校正表

温度/℃	观察糖度（Bx）																			
	1	2	3	4	5	6	7	8	9	10	11	12	13	14	15	16	17	18	19	20
	应减表中值																			
0	0.34	0.38	0.41	0.45	0.49	0.52	0.55	0.59	0.62	0.65	0.67	0.70	0.72	0.75	0.77	0.79	0.82	0.84	0.87	0.89
5	0.38	0.40	0.43	0.45	0.47	0.49	0.51	0.52	0.54	0.56	0.58	0.60	0.61	0.63	0.65	0.67	0.68	0.70	0.71	0.73
10	0.33	0.34	0.36	0.37	0.38	0.39	0.40	0.41	0.42	0.43	0.44	0.45	0.46	0.47	0.48	0.49	0.50	0.50	0.51	0.52
11	0.32	0.33	0.33	0.34	0.35	0.36	0.37	0.38	0.39	0.40	0.41	0.42	0.42	0.43	0.44	0.45	0.46	0.46	0.47	0.48
12	0.30	0.30	0.31	0.31	0.32	0.33	0.34	0.34	0.35	0.36	0.37	0.38	0.38	0.39	0.40	0.41	0.41	0.42	0.42	0.43
13	0.27	0.27	0.28	0.28	0.29	0.30	0.30	0.31	0.31	0.32	0.33	0.33	0.34	0.34	0.35	0.36	0.36	0.37	0.37	0.38
14	0.24	0.24	0.24	0.25	0.26	0.27	0.27	0.28	0.28	0.29	0.29	0.30	0.30	0.31	0.31	0.32	0.32	0.33	0.33	0.34
15	0.20	0.20	0.20	0.21	0.22	0.22	0.23	0.23	0.24	0.24	0.24	0.25	0.25	0.26	0.26	0.26	0.27	0.27	0.28	0.28
16	0.17	0.17	0.18	0.18	0.18	0.18	0.19	0.19	0.20	0.20	0.20	0.21	0.21	0.22	0.22	0.22	0.22	0.23	0.23	0.23
17	0.13	0.13	0.14	0.14	0.14	0.14	0.14	0.15	0.15	0.15	0.15	0.16	0.16	0.16	0.16	0.16	0.16	0.17	0.17	0.18
18	0.09	0.09	0.10	0.10	0.10	0.10	0.10	0.10	0.10	0.10	0.10	0.10	0.11	0.11	0.11	0.11	0.11	0.12	0.12	0.12
19	0.05	0.05	0.05	0.05	0.05	0.05	0.05	0.05	0.05	0.05	0.05	0.05	0.06	0.06	0.06	0.06	0.06	0.06	0.06	0.06
	应加表中值																			
21	0.04	0.04	0.05	0.05	0.05	0.05	0.05	0.06	0.06	0.06	0.06	0.06	0.06	0.06	0.06	0.06	0.06	0.06	0.06	0.06
22	0.10	0.10	0.10	0.10	0.10	0.10	0.10	0.11	0.11	0.11	0.11	0.11	0.12	0.12	0.12	0.12	0.12	0.12	0.12	0.12
23	0.16	0.16	0.16	0.16	0.16	0.16	0.16	0.17	0.17	0.17	0.17	0.17	0.17	0.17	0.17	0.17	0.18	0.18	0.19	0.19
24	0.21	0.21	0.22	0.22	0.22	0.22	0.22	0.23	0.23	0.23	0.23	0.23	0.24	0.24	0.24	0.24	0.25	0.25	0.26	0.26
25	0.27	0.27	0.28	0.28	0.28	0.28	0.29	0.29	0.30	0.30	0.30	0.30	0.31	0.31	0.31	0.31	0.31	0.32	0.32	0.32
26	0.33	0.33	0.34	0.34	0.34	0.34	0.35	0.35	0.36	0.36	0.36	0.36	0.37	0.37	0.37	0.38	0.38	0.39	0.40	0.40
27	0.40	0.40	0.41	0.41	0.41	0.41	0.41	0.42	0.42	0.42	0.42	0.42	0.43	0.44	0.44	0.44	0.45	0.45	0.46	0.46
28	0.46	0.46	0.47	0.47	0.47	0.47	0.48	0.48	0.49	0.49	0.49	0.50	0.50	0.51	0.51	0.52	0.52	0.53	0.53	0.54
29	0.54	0.54	0.55	0.55	0.55	0.55	0.55	0.56	0.56	0.56	0.57	0.57	0.58	0.58	0.59	0.59	0.62	0.60	0.61	0.61
30	0.61	0.61	0.62	0.62	0.62	0.62	0.62	0.63	0.63	0.63	0.64	0.64	0.65	0.65	0.66	0.66	0.67	0.67	0.68	0.68
31	0.69	0.69	0.70	0.70	0.70	0.70	0.70	0.71	0.71	0.71	0.72	0.72	0.73	0.73	0.74	0.74	0.75	0.75	0.76	0.76
32	0.76	0.77	0.77	0.78	0.78	0.78	0.78	0.79	0.79	0.79	0.80	0.80	0.81	0.81	0.82	0.83	0.83	0.84	0.84	0.85
33	0.84	0.85	0.85	0.85	0.85	0.85	0.86	0.86	0.86	0.86	0.87	0.88	0.88	0.89	0.90	0.91	0.91	0.92	0.92	0.93
34	0.91	0.92	0.92	0.93	0.93	0.93	0.93	0.94	0.94	0.94	0.95	0.96	0.96	0.97	0.98	0.99	1.00	1.00	1.01	1.02
35	0.99	1.00	1.00	1.01	1.01	1.01	1.01	1.02	1.02	1.02	1.03	1.04	1.05	1.05	1.06	1.07	1.08	1.08	1.09	1.10
36	1.07	1.08	1.08	1.09	1.09	1.09	1.09	1.10	1.10	1.10	1.11	1.12	1.13	1.13	1.14	1.15	1.16	1.16	1.17	1.18
37	1.15	1.16	1.16	1.17	1.17	1.17	1.17	1.18	1.18	1.18	1.19	1.20	1.21	1.21	1.22	1.23	1.24	1.24	1.25	1.26
38	1.25	1.25	1.26	1.26	1.27	1.27	1.28	1.29	1.29	1.30	1.31	1.32	1.32	1.33	1.33	1.34	1.35	1.35	1.36	1.36
39	1.34	1.34	1.35	1.35	1.36	1.36	1.37	1.38	1.38	1.38	1.39	1.40	1.41	1.41	1.42	1.43	1.44	1.44	1.45	1.45
40	1.43	1.43	1.44	1.44	1.45	1.45	1.46	1.46	1.47	1.47	1.48	1.49	1.50	1.50	1.51	1.52	1.53	1.53	1.54	1.54

附录 C　酒精浓度与温度更正表

溶液温度/℃	酒精计读数												
	100	99	98	97	96	95	94	93	92	91	90	89	88
	温度在+20℃时用体积百分数表示酒精浓度												
40	96.6	95.3	94	92.6	91.6	90.4	89.2	88	86.8	85.8	84.5	83.4	82.3
39	96.8	95.4	94.2	92.8	91.8	90.6	89.4	88.2	87.1	86.1	84.8	83.7	82.6
38	96.9	95.6	94.4	93	92	90.9	89.7	88.5	87.3	86.3	85.1	84	82.9
37	97.1	95.8	94.6	93.3	92.3	91.1	89.9	88.8	87.6	86.6	85.3	84.3	83.2
36	97.3	96	94.8	93.5	92.5	91.3	90.2	89	87.8	86.8	85.6	84.6	83.5
35	97.4	96.2	95	93.7	92.7	91.6	90.4	89.2	88.1	87.1	85.9	84.8	83.8
34	97.6	96.3	95.2	93.9	92.9	91.8	90.6	89.5	88.2	87.4	86.2	85	84
33	97.8	96.5	95.4	94.1	93.1	92	90.9	89.8	88.6	87.6	86.5	85.1	84.3
32	98	96.7	95.6	94.4	93.4	92.2	91.1	90	88.9	87.9	86.7	85.4	84.6
31	98.1	96.9	95.8	94.6	93.6	92.5	91.4	90.2	89.1	88.1	87	85.7	84.9
30	98.3	97.1	96	94.8	93.8	92.7	91.6	90.5	89.4	88.4	87.3	86	85.2
29	98.4	97.3	96.2	95.1	94	92.9	91.8	90.8	89.7	88.6	87.6	86.3	85.6
28	98.6	97.5	96.4	95.3	94.2	93.1	92.1	91.1	90	88.9	87.9	86.5	85.8
27	98.8	97.7	96.6	95.5	94.5	93.4	92.3	91.3	90.2	89.2	88.1	86.8	86.1
26	99	97.9	96.8	95.8	94.7	93.6	92.6	91.5	90.5	89.4	88.4	87.1	86.3
25	99.2	98.1	97	96	94.9	93.9	92.8	91.8	90.7	89.7	88.7	87.4	86.6
24	99.3	98.3	97.2	96.2	95.1	94.1	93.1	92	91	90	89	87.7	86.9
23	99.5	98.5	97.4	96.4	95.4	94.3	93.3	92.3	91.3	90.2	89.2	88	87.2
22	99.7	98.6	97.6	96.6	95.6	94.6	93.5	92.5	91.5	90.5	89.5	88.4	87.4
21	99.8	98.8	97.8	96.8	95.8	94.8	93.8	92.8	91.8	90.7	89.7	88.7	87.7
20	100	99	98	97	96	95	94	93	92	91	90	89	88
19		99.2	98.2	97.2	96.2	95.2	94.2	93.2	92.2	91.2	90.3	89.3	88.3
18		99.3	98.3	97.4	96.4	95.4	94.4	93.5	92.5	91.5	90.6	89.5	88.5
17		99.5	98.5	97.6	96.6	95.6	94.6	93.7	92.7	91.7	90.8	89.8	88.8
16		99.7	98.7	97.8	96.8	95.9	94.9	93.9	93	92	91	90	89
15		99.8	98.9	98	97	96.1	95.1	94.2	93.2	92.2	91.3	90.3	89.3
14		100	99.1	98.1	97.2	96.3	95.3	94.3	93.4	92.5	91.5	90.5	89.6
13			99.2	98.3	97.4	96.5	95.5	94.6	93.6	92.7	91.7	90.8	89.8
12			99.4	98.5	97.6	96.7	95.7	94.8	93.9	92.9	92	91	90.1
11			99.6	98.7	97.8	96.9	96	95	94.1	93.2	92.2	91.3	90.3
10			99.7	98.9	98	97.1	96.2	95.2	94.3	93.4	92.5	91.5	90.6
9			99.9	99	98.2	97.3	96.4	95.5	94.5	93.6	92.8	91.8	90.8
8				99.2	98.3	97.5	96.6	95.7	94.8	93.9	92.1	92	91.1
7				99.3	98.5	97.6	96.8	95.9	95	94.1	93.2	92.2	91.3
6				99.4	98.7	97.8	97	96.1	95.2	94.3	93.4	92.5	91.6
5				99.5	98.9	98	97.1	96.3	95.4	94.5	93.6	92.7	91.8
4				99.7	99	98.2	97.3	96.5	95.6	94.7	93.8	92.9	92
3				99.8	99.2	98.4	97.5	96.7	95.8	94.9	94.1	93.2	92.2
2				100	99.4	98.5	97.7	96.9	96	95.1	94.3	93.4	92.5
1					99.5	98.7	97.9	97	96.2	95.3	94.5	93.6	92.7
0					99.7	98.9	98.1	97.2	96.4	95.7	94.7	93.8	92.9

（续）

溶液温度/℃	酒精计读数												
	87	86	85	84	83	82	81	80	79	78	77	76	75
	温度在+20℃时用体积百分数表示酒精浓度												
40	81.3	80.1	79.1	78	76.9	75.9	75	73.8	72.8	71.6	70.6	69.5	68.6
39	81.6	80.4	79.4	78.3	77.2	76.2	75.3	74.1	73.1	71.9	70.9	69.8	68.9
38	81.9	80.7	79.7	78.6	77.5	76.5	75.6	74.4	73.4	72.3	71.2	70.2	69.2
37	82.2	81	80	78.9	77.8	76.8	75.9	74.7	73.7	72.6	71.6	70.5	69.6
36	82.5	81.3	80.3	79.2	78.1	77.1	76.2	74.9	74	72.9	71.9	70.8	69.9
35	82.8	81.6	80.6	79.5	78.4	77.4	76.5	75.3	74.3	73.2	72.2	71.2	70.2
34	83	81.9	80.9	79.8	78.7	77.8	76.8	75.7	74.7	73.6	72.5	71.5	70.6
33	83.3	82.2	81.2	80.1	79.1	78.1	77.1	76	75	73.9	72.8	71.8	70.9
32	83.6	82.5	81.5	80.4	79.4	78.4	77.4	76.3	75.3	74.2	73.2	72.1	71.2
31	83.9	82.8	81.8	80.7	79.7	78.7	77.7	76.6	75.6	74.6	73.5	72.5	71.5
30	84.2	83.1	82.1	81	80	79	78	76.9	75.9	74.9	73.8	72.8	71.8
29	84.4	83.4	82.4	81.3	80.3	79.3	78.3	77.2	76.2	75.2	74.2	73.1	72.1
28	84.7	83.7	82.7	81.6	80.6	79.6	78.6	77.6	76.5	75.5	74.5	73.5	72.4
27	85	84	83	81.9	80.9	79.9	78.9	77.9	76.8	75.8	74.8	73.8	72.8
26	85.3	84.3	83.3	82.2	81.2	80.2	79.2	78.2	77.2	76.1	75.1	74.1	73.1
25	85.6	84.6	83.6	82.5	81.5	80.5	79.5	78.5	77.5	76.4	75.4	74.4	73.4
24	85.9	84.9	83.8	82.8	81.8	80.8	79.8	78.8	77.8	76.8	75.8	74.7	73.7
23	86.2	85.1	84.1	83.1	82.1	81.1	80.1	79.1	78.1	77.1	76.1	75.1	74.1
22	86.4	85.2	84.4	83.4	82.4	81.4	80.4	79.4	78.4	77.4	76.4	75.4	74.4
21	86.7	85.7	84.7	83.7	82.7	81.7	80.7	79.7	78.7	77.7	76.7	75.7	74.7
20	87	86	85	84	83	82	81	80	79	78	77	76	75
19	87.3	86.3	85.3	84.3	83.3	82.3	81.3	80.3	79.3	78.3	77.3	76.3	75.3
18	87.5	86.5	85.5	84.6	83.6	82.6	81.6	80.6	79.6	78.6	77.6	76.6	75.6
17	87.8	86.8	85.8	84.8	83.9	82.9	81.9	80.9	79.9	78.9	77.9	76.9	75.9
16	88.1	87.1	86.1	85.1	84.2	83.2	82.2	81.2	80.2	79.2	78.2	77.2	76.2
15	88.3	87.4	86.4	85.4	84.4	83.4	82.5	81.5	80.5	79.5	78.5	77.6	76.6
14	88.6	87.6	86.7	85.7	84.7	83.7	82.8	81.8	80.8	79.8	78.8	77.9	76.9
13	88.9	87.9	86.9	86	85	84	83.1	82.1	81.1	80.1	79.1	78.2	77.2
12	89.1	88.2	87.2	86.2	85.3	84.3	83.3	82.4	81.4	80.4	79.4	78.5	77.5
11	89.4	88.3	87.5	86.5	85.6	84.6	83.6	82.7	81.7	80.7	79.7	78.8	77.8
10	89.6	88.7	87.7	86.8	85.8	84.9	83.9	83	82	81	80	79.1	78.1
9	89.9	89	88	87	86.1	85.2	84.2	83.2	82.3	81.3	80.3	79.4	78.4
8	90.1	89.3	88	87.3	86.4	85.4	84.5	83.5	82.6	81.6	80.6	79.7	78.7
7	90.4	89.5	88.5	87.6	86.6	85.7	84.8	83.8	82.8	81.9	80.8	80	79
6	90.6	89.8	88.8	87.8	86.9	86	85	84.1	83.1	82.2	81.1	80.2	79.3
5	90.9	90	89	88.1	87.2	86.2	85.3	84.3	83.4	82.4	81.2	80.5	79.6
4	91.1	90.3	89.3	88.4	87.4	86.5	85.6	84.6	83.7	82.7	81.6	80.8	79.9
3	91.3	90.5	89.5	88.6	87.7	86.8	85.8	84.9	84	83	81.9	81.1	80.2
2	91.6	90.8	89.8	88.8	87.9	87	86.1	85.2	84.2	83.3	82.4	81.4	80.4
1	91.8	91	90	89.1	88.2	87.3	86.4	85.4	84.5	83.6	82.6	81.7	80.7
0	92	91.2	90.2	89.4	88.4	87.5	86.6	85.7	84.8	83.8	82.9	82	81

（续）

溶液温度/℃	酒精计读数												
	74	73	72	71	70	69	68	67	66	65	64	63	62
	温度在+20℃时用体积百分数表示酒精浓度												
40	67.5	66.4	65.4	64.3	63.3	62.2	61.1	60.1	59.1	58.1	57.1	56	55
39	67.8	66.7	65.7	64.6	63.6	62.6	61.5	60.5	59.5	58.5	57.5	56.4	55.3
38	68.1	67.1	66	65	64	62.9	61.8	60.8	59.8	58.8	57.8	56.7	55.7
37	68.5	67.4	66.4	65.4	64.3	63.2	62.2	61.2	60.2	59.2	58.2	57.1	56
36	68.8	67.8	66.7	65.7	64.7	63.6	62.6	61.6	60.5	59.6	58.5	57.4	56.3
35	69.1	68.1	67	66.1	65	64	62.9	61.8	60.9	59.9	58.9	57.8	56.8
34	69.5	68.4	67.4	66.4	65.3	64.3	63.2	62.2	61.2	60.2	59.2	58.1	57.1
33	69.8	68.8	67.7	66.7	65.7	64.6	63.6	62.5	61.6	60.6	59.6	58.5	57.4
32	70.1	69.1	68	67	66	65	63.9	62.9	61.9	60.9	59.9	58.8	57.7
31	70.5	69.5	68.4	67.4	66.4	65.4	94.3	63.3	62.3	61.3	60.3	59.2	58.1
30	70.8	69.8	68.7	67.7	66.7	65.6	64.6	63.6	62.6	61.6	60.6	59.5	58.5
29	71.1	70.1	69.1	68	67	66	65	64	62.9	61.9	60.9	59.9	58.8
28	71.4	70.4	69.4	68.4	67.4	66.3	65.3	64.3	63.3	62.3	61.2	60.2	59.2
27	71.7	70.7	69.7	68.7	67.7	66.7	65.7	64.7	63.6	62.6	61.6	60.6	59.6
26	72.1	71.1	70.1	69.1	68	67	66	65	64	63	62	60.9	59.9
25	72.4	71.4	70.4	69.4	68.4	67.3	66.3	65.3	64.3	63.3	62.2	61.3	60.3
24	72.7	71.7	70.7	69.7	68.7	67.7	66.7	65.7	64.6	63.6	62.6	61.6	60.6
23	73	72	71	70	69	68	67	66	65	64	63	62	61
22	73.4	72.4	71.4	70.4	69.3	68.3	67.3	66.3	65.3	64.3	63.3	62.3	61.3
21	73.7	72.7	71.7	70.7	69.7	68.7	67.7	66.7	65.7	64.6	63.6	62.6	61.6
20	74	73	72	71	70	69	68	67	66	65	64	63	62
19	74.3	73.3	72.3	71.3	70.3	69.3	68.3	67.3	66.3	65.3	64.3	63.3	62.3
18	74.6	73.6	72.6	71.6	70.6	69.6	68.7	67.7	66.7	65.7	64.7	63.7	92.7
17	74.9	74	73	72	71	70	69	68	67	66	65	64	63
16	75.3	74.3	73.3	72.3	71.3	70.3	69.3	68.3	67.3	66.3	65.4	64.4	63.4
15	75.6	74.6	73.6	72.6	71.6	70.6	69.6	68.6	67.7	66.7	65.7	64.7	63.7
14	75.9	75	73.9	72.9	72	71	70	69	68	67	66	65	64.1
13	76.2	75.4	74.2	73.2	72.3	71.3	70.3	69.3	68.3	67.4	66.4	65.4	64.4
12	76.5	75.6	74.5	73.6	72.6	71.6	70.6	69.6	68.7	67.7	66.7	65.7	64.7
11	76.8	75.8	74.9	73.9	72.9	71.9	71	70	69	68	67	66	65.1
10	77.1	76.2	75.2	74.2	73.2	72.2	71.3	70.3	69.3	68.3	67.4	66.4	65.4
9	77.4	76.5	75.5	74.5	73.5	72.6	71.9	70.6	69.6	68.7	67.7	66.7	65.7
8	77.7	76.8	76	74.8	73.8	72.9	71.9	70.9	70	69	68	67	66.1
7	78	77.1	76.4	75.1	74.2	73.2	72.2	71.3	70.3	69.3	68.4	67.4	66.4
6	78.3	77.4	76.7	75.4	74.5	73.5	72.5	71.6	70.6	69.6	68.7	67.7	66.7
5	78.6	77.7	77	75.8	74.8	73.8	72.9	71.9	70.9	70	69	68	67.1
4	79.2	78	77.3	76	75.1	74.1	73.2	72.2	71.2	70.3	69.3	68.4	67.4
3	79.5	78.3	77.6	76.4	75.4	74.4	73.5	72.5	71.6	70.6	69.6	68.7	67.7
2	79.8	78.6	77.8	76.6	75.7	74.7	73.8	72.8	71.9	70.9	70	69	68
1	80.1	78.8	77.9	77	76	75	74	73.1	72.2	71.2	70.3	69.3	68.4
0	80.4	79.1	78.2	77.2	76.3	75.4	74.1	73.4	72.5	71.5	70.6	69.6	68.7

（续）

溶液温度/℃	酒精计读数												
	61	60	59	58	57	56	55	54	53	52	51	50	49
	温度在+20℃时用体积百分数表示酒精浓度												
40	54	52.8	51.8	50.8	49.7	48.6	47.6	46.6	45.5	44.4	43.4	42.4	41.4
39	54.4	53.2	52.2	51.1	50.1	49	48	47	45.9	44.8	43.8	42.7	41.8
38	54.7	53.5	52.5	51.5	50.4	49.3	48.3	47.3	46.3	45.2	44.2	43.1	42.2
37	55.1	53.9	52.9	51.9	50.8	49.7	48.7	47.7	46.6	45.5	44.5	43.5	42.5
36	55.5	54.2	53.2	52.2	51.2	50.1	49.1	48.1	47	45.9	44.9	43.9	42.9
35	55.8	54.6	53.6	52.6	51.6	50.5	49.5	48.5	47.4	46.3	45.3	44.3	43.3
34	56.1	55	54	53	51.9	50.8	49.8	48.8	47.8	46.7	45.7	44.7	43.7
33	56.5	55.3	54.3	53.3	52.3	51.2	50.2	49.2	48.2	47.1	46.1	45	44.1
32	56.8	55.7	54.7	53.7	52.7	51.6	50.6	49.6	48.6	47.4	46.4	45.4	44.4
31	57.2	56	55	54	53	51.9	50.9	49.9	48.9	47.8	46.8	45.8	44.8
30	57.5	56.4	55.4	54.4	53.4	52.3	51.3	50.3	49.3	48.2	47.2	46.2	45.2
29	57.8	56.8	55.8	54.8	53.7	52.7	51.7	50.7	49.6	48.6	47.6	46.6	45.6
28	58.2	57.2	56.1	55.1	54.1	53.1	52.1	51	50	49	48	47	45.9
27	58.5	57.5	56.5	55.5	54.5	53.4	52.4	51.4	50.4	49.4	48.3	47.3	46.3
26	58.9	57.9	56.9	55.8	54.8	53.8	52.8	51.8	50.8	49.7	48.7	47.7	46.7
25	59.2	58.2	57.2	56.2	55.2	54.2	53.2	52.2	51.1	50.1	49.1	48.1	47.1
24	59.6	58.6	57.6	56.6	55.6	54.5	53.5	52.5	51.5	50.4	49.5	48.5	47.5
23	60	58.9	57.9	56.9	55.9	54.9	53.9	52.9	51.9	50.9	49.9	48.9	47.8
22	60.3	59.3	58.3	57.3	56.3	55.3	54.3	53.3	52.2	51.2	50.2	49.2	48.2
21	60.6	59.6	58.6	57.6	56.6	55.6	54.6	53.6	52.6	51.6	50.6	49.6	48.6
20	61	60	59	58	57	56	55	54	53	52.2	51	50	49
19	61.3	60.4	59.4	58.4	57.4	56.4	55.4	54.4	53.4	52.4	51.4	50.4	49.4
18	61.7	60.7	59.7	58.7	57.7	56.7	55.7	54.7	53.7	52.7	51.7	50.7	49.8
17	62	61	60	59.1	58.1	57.1	56.1	55.1	54.1	53.1	52.1	51.1	50.1
16	62.4	61.4	60.4	59.5	58.5	57.5	56.5	55.5	54.5	53.5	52.5	51.5	50.5
15	62.7	61.7	60.8	59.8	58.8	57.8	56.8	55.8	54.8	53.9	52.9	51.9	50.9
14	63.1	62	61.1	60.1	59.1	58.2	57.2	56.2	55.2	54.3	53.2	52.2	51.3
13	63.4	62.4	61.4	60.5	59.5	58.5	57.5	56.6	55.6	54.6	53.6	52.6	51.6
12	63.8	62.8	61.8	60.8	59.8	58.8	57.9	56.9	55.9	55	54	53	52
11	64.1	63.1	62.1	61.2	60.2	59.1	58.2	57.2	56.3	55.3	54.3	53.4	52.4
10	64.4	63.5	62.5	61.5	60.5	59.6	58.6	57.6	56.6	55.7	54.7	53.7	52.8
9	64.8	63.8	62.8	61.9	60.9	59.9	58.9	58	57	56	55.1	54.1	53.1
8	65.1	64.1	63.2	62.2	61.2	60.3	59.3	58.3	57.4	56.4	55.4	54.5	53.5
7	65.4	64.5	63.5	62.5	61.6	60.6	59.6	58.7	57.7	56.8	55.8	54.8	53.9
6	65.8	64.8	63.8	62.9	61.9	61	60	59	58.1	57.1	56.1	55.2	54.2
5	66.1	65.1	64.2	63.2	62.3	61.3	60.3	59.4	58.4	57.4	56.5	55.5	54.6
4	66.4	65.5	64.5	63.6	62.6	61.6	60.7	59.7	58.8	57.8	56.8	55.9	54.9
3	66.8	65.8	64.8	63.9	62.9	62	61	60.1	59.1	58.2	57.2	56.2	55.3
2	67.1	66.1	65.2	64.2	63.3	62.3	61.4	60.4	59.4	58.5	57.5	56.6	55.6
1	67.4	66.4	65.5	64.6	63.6	62.6	61.7	60.7	59.8	58.8	57.9	57	56
0	67.7	66.8	65.8	64.9	63.9	63	62	61.1	60.1	59.2	58.2	57.3	56.4

（续）

溶液温度/℃	酒精计读数												
	48	47	46	45	44	43	42	41	40	39	38	37	36
	温度在+20℃时用体积百分数表示酒精浓度												
40	40.4	39.2	38.2	37	36.1	35	34	33	33.2	31	30	29	28
39	40.8	39.6	38.4	37.4	36.5	35.4	34.4	33.4	32.4	31.4	30.4	29.4	28.4
38	41.2	40	39	37.8	36.9	35.8	34.8	33.8	32.8	31.8	30.8	29.8	28.8
37	41.5	40.4	39.4	38.2	37.3	36.2	35.2	34.2	33.2	32.2	31.2	30.2	29.2
36	41.9	40.8	39.8	38.6	37.7	36.6	35.6	34.6	33.6	32.6	31.6	30.6	29.6
35	42.3	41.2	40.2	39	38.1	37	36	35	34	33	32	31	30
34	42.7	41.5	40.5	39.5	38.5	37.4	36.4	35.4	34.4	33.4	32.4	31.4	30.4
33	43.1	41.9	40.9	39.9	38.9	37.8	36.8	35.8	34.8	33.8	32.8	31.8	30.8
32	43.4	42.4	41.3	40.3	39.3	38.2	37.2	36.2	35.2	34.2	33.2	32.2	31.2
31	43.8	42.7	41.7	40.7	39.7	38.6	37.6	36.6	35.6	34.6	33.6	32.6	31.6
30	44.2	43.1	42.1	41.1	40.1	39	38	37	36	35	34	33	32
29	44.5	43.5	42.5	41.5	40.6	39.4	38.4	37.4	36.4	35.4	34.4	33.4	32.3
28	44.9	43.9	42.9	41.9	40.8	39.8	38.8	37.8	36.8	35.8	34.8	33.8	32.8
27	45.3	44.3	43.3	42.3	41.2	40.2	39.2	38.2	37.2	36.2	35.2	34.2	33.2
26	45.7	44.7	43.7	42.7	41.6	40.6	39.6	38.6	37.6	36.6	35.6	34.6	33.6
25	46.1	45.1	44.1	43	42	41	40	39	38	37	36	35	34
24	46.4	45.4	44.4	43.4	42.4	41.4	40.4	39.4	38.4	37.4	36.4	35.4	34.4
23	46.8	45.8	44.8	43.8	42.8	41.8	40.8	39.8	38.8	37.8	36.8	35.8	34.8
22	47.2	46.2	45.2	44.2	43.2	42.2	41.2	40.2	39.2	38.2	37.2	36.2	35.2
21	47.6	46.6	45.6	44.6	43.6	42.6	41.6	40.6	39.6	38.6	37.6	36.6	35.6
20	48	47	46	45	44	43	42	41	40	39	38	37	36
19	48.4	47.4	46.4	45.4	44.4	43.4	42.4	41.4	40.4	39.4	38.4	37.4	36.4
18	48.8	47.8	46.8	45.8	44.8	43.8	42.8	41.8	40.8	39.8	38.8	37.8	36.8
17	49.2	48.2	47.2	46.2	45.2	44.2	43.2	42.2	41.2	40.2	39.2	38.2	37.2
16	49.5	48.6	47.6	46.6	45.6	44.6	43.6	42.6	41.6	40.6	39.6	38.6	37.6
15	49.9	48.9	47.9	47	46	45	44	43	42	41	40	39	38
14	50.3	49.3	48.3	47.3	46.4	45.4	44.4	43.4	42.4	41.4	40.4	39.4	38.4
13	50.7	49.7	48.7	47.7	46.7	45.8	44.8	43.8	42.8	41.8	40.8	39.8	38.8
12	51	50.1	49.1	48.1	47.1	46.1	45.2	44.2	43.2	42.2	41.2	40.2	39.2
11	51.4	50.4	49.5	48.5	47.5	46.5	45.6	44.6	43.6	42.6	41.6	40.6	39.6
10	51.8	50.8	49.8	48.9	47.9	46.9	46	45	44	43	42	41	40.1
9	52.2	51.2	50.2	49.2	48.3	47.3	46.4	45.4	44.4	43.4	42.4	41.4	40.5
8	52.5	51.6	50.6	49.6	48.6	47.7	46.7	45.8	44.8	43.8	42.8	41.9	40.9
7	52.9	51.9	51	50	49	48.1	47.1	46.2	45.2	44.2	43.2	42.3	41.3
6	53.2	52.3	51.3	50.4	49.4	48.4	47.5	46.5	45.6	44.6	43.6	42.7	41.7
5	53.6	52.7	51.7	50.8	49.8	48.8	47.9	46.9	46	45	44	43.1	42.1
4	54	53	52.1	51.1	50.2	49.2	48.2	47.3	46.3	45.4	44.4	43.4	42.5
3	54.3	53.4	52.4	51.5	50.5	49.6	48.6	47.7	46.7	45.8	44.8	43.8	42.9
2	54.7	53.8	52.8	51.8	50.9	49.9	49	48	47.1	46.1	45.2	44.2	43.3
1	55	54.1	53.2	52.2	51.3	50.3	49.4	48.4	47.5	46.5	45.6	44.6	43.7
0	55.4	54.5	53.5	52.6	51.6	50.7	49.7	48.8	47.8	46.9	46	45	44

（续）

溶液温度/℃	酒精计读数												
	35	34	33	32	31	30	29	28	27	26	25	24	23
	温度在+20℃时用体积百分数表示酒精浓度												
40	26.8	25.8	24.8	24	23	22.2	21.2	20.4	19.4	18.6	17.8	17	16.2
39	27.2	26.2	25.2	24.4	23.4	22.6	21.6	20.8	19.8	19	18.2	17.4	16.5
38	27.7	26.7	25.7	24.8	23.8	23	22	21.2	20.2	19.3	18.5	17.7	16.9
37	28	27	26	25.2	24.2	23.4	22.4	21.5	20.5	19.7	18.9	18	17.2
36	28.4	27.4	26.4	25.6	24.6	23.8	22.8	21.9	20.9	20.1	19.2	18.4	17.6
35	28.8	27.8	26.8	26	25	24.2	23.2	22.3	21.3	20.4	19.6	18.8	17.9
34	29.3	28.3	27.3	26.4	25.4	24.5	23.5	22.7	21.7	20.8	20	19.1	18.2
33	29.7	28.7	27.7	26.8	25.8	24.9	23.9	23.1	22.2	21.2	20.3	19.4	18.6
32	30.1	29.1	28.1	27.2	26.2	25.3	24.3	23.4	22.4	21.6	20.7	19.8	18.9
31	30.5	29.5	28.5	27.6	26.6	25.7	24.7	23.8	22.8	21.9	21	20.2	19.3
30	30.9	29.9	28.9	28	27	26.1	25.1	24.2	23.2	22.3	21.4	20.5	19.6
29	31.3	30.3	29.4	28.4	27.4	26.4	25.5	24.6	23.6	22.7	21.8	50.8	19.9
28	31.7	30.7	29.7	28.8	27.8	26.8	25.9	24.9	24	23	22.1	21.2	20.2
27	32.2	31.2	30.2	29.2	28.2	27.2	26.3	25.3	24.4	23.4	22.5	21.5	20.6
26	32.6	31.6	30.6	29.6	28.6	27.6	26.6	25.7	24.7	23.8	22.8	21.9	20.9
25	33	32	31	30	29	28	27	26.1	25.1	24.1	23.2	22.2	21.3
24	33.4	32.4	31.4	30.4	29.4	28.4	27.4	26.4	25.5	24.5	23.5	22.6	21.6
23	33.8	32.8	31.8	30.8	29.8	28.8	27.8	26.8	25.8	24.9	23.9	22.9	22
22	34.2	33.2	32.2	31.2	30.2	29.2	28.2	27.2	26.2	25.3	24.3	23.3	22.3
21	34.6	33.6	32.6	31.6	30.6	29.6	28.6	26.6	26.6	5.6	24.6	23.6	22.6
20	35	34	33	32	31	30	29	28	27	26	25	24	23
19	35.4	34.4	33.4	32.4	31.4	30.4	29.4	28.4	27.4	26.4	25.4	24.4	23.3
18	35.8	34.8	33.8	32.8	31.8	30.8	29.8	28.8	27.8	26.7	25.7	24.7	23.7
17	36.2	35.2	34.2	33.2	32.2	31.2	30.2	29.2	28.1	27.1	26.1	25.1	24
16	36.6	35.6	34.6	33.6	32.6	31.6	30.6	29.6	28.5	27.5	26.5	25.4	24.4
15	37	36	35	34	33	32	31	30	28.9	27.9	26.8	25.8	24.7
14	37.4	36.4	35.4	34.4	33.4	32.4	31.4	30.4	29.3	28.4	27.2	26.2	25.1
13	37.8	36.8	35.9	34.9	33.9	32.8	31.8	30.8	29.7	28.7	27.6	26.5	25.4
12	38.2	37.3	326.3	35.3	34.3	33.3	32.3	31.2	30.2	29.1	28	26.9	25.8
11	38.7	37.7	36.7	35.7	34.7	33.7	32.7	31.6	30.6	29.5	28.4	27.3	26.2
10	39.1	38.1	37.1	36.1	35.1	34.1	33.1	32	31	29.9	28.8	27.7	26.6
9	39.5	38.5	37.5	36.5	35.5	34.5	33.5	32.5	31.4	30.3	29.2	28.1	26.9
8	39.9	38.9	37.9	36.9	36	35	33.9	32.9	31.8	30.7	29.6	28.5	27.3
7	40.3	39.3	38.3	37.3	36.4	35.4	34.4	33.3	32.2	31.1	30	28.9	27.7
6	40.7	39.7	38.8	37.8	36.8	35.8	34.8	33.7	32.7	31.6	30.4	29.3	28.1
5	41.1	40.1	39.2	38.2	37.2	36.2	35.2	34.2	33.1	32	30.8	29.7	28.5
4	41.5	40.5	39.6	38.6	37.6	36.6	35.6	34.6	33.5	32.4	31.3	30.1	28.9
3	41.9	40.9	40	39	38	37.1	36	35	34	32.9	31.7	30.5	29.3
2	42.3	41.3	40.4	39.4	38.4	37.5	36.5	35.4	34.4	33.3	32.3	30.9	29.7
1	42.7	41.7	40.8	39.8	38.9	37.9	36.9	35.9	34.8	33.7	32.6	31.4	30.1
0	43.1	42.1	41.2	40.2	39.3	38.3	37.3	36.3	35.5	34.2	33	31.8	30.6

（续）

溶液温度/℃	酒精计读数												
	22	21	20	19	18	17	16	15	14	13	12	11	10
	温度在+20℃时用体积百分数表示酒精浓度												
40	15.2	14.4	13.6	13	12.2	11.4	10.8	10	9.2	8.4	7.6	6.8	5.8
39	15.5	14.7	13.9	13.3	12.5	11.7	11.1	10.2	9.4	8.6	7.8	7	6
38	15.9	15.1	14.2	13.6	12.8	12	11.3	10.5	9.7	8.9	8	7.2	6.2
37	16.2	15.4	14.6	13.9	13.1	12.2	11.6	10.8	9.9	9.1	8.3	7.4	6.4
36	16.6	15.7	14.9	14.2	13.4	12.5	11.8	11	10.2	9.3	8.5	7.6	6.6
35	16.9	16	15.2	14.5	13.6	12.8	12.1	11.2	10.4	9.6	8.7	7.9	6.8
34	17.2	16.4	15.5	14.8	13.9	13.1	12.4	11.5	10.6	9.8	8.9	8.1	7.1
33	17.6	16.7	15.8	15.1	14.2	13.4	12.6	11.8	10.9	10	9.1	8.3	7.3
32	17.9	17	16.2	15.4	14.5	13.6	12.9	12	11	10.2	9.4	8.5	7.5
31	18.3	17.4	16.5	15.7	14.8	13.9	13.1	12.2	11.4	10.5	9.6	8.7	7.7
30	18.6	17.7	16.8	16	15.1	14.2	13.4	12.5	11.6	10.7	9.8	8.9	7.9
29	19	18	17.2	16.3	15.4	14.5	13.6	12.7	11.8	10.9	10	9.1	8.2
28	19.3	18.4	17.5	16.6	15.7	14.8	13.9	13	12.1	11.2	10.3	9.3	8.4
27	19.6	18.7	17.8	16.9	16	15.1	14.2	13.2	12.3	11.4	10.5	9.5	8.6
26	20	19	18.1	17.2	16.3	15.4	14.4	13.5	12.6	11.7	10.7	9.8	8.8
25	20.3	19.4	18.4	17.5	16.6	15.6	14.7	13.8	12.8	11.9	10.8	9.8	9
24	20.7	19.7	18.7	17.8	16.9	15.9	15	14	13.1	12.1	11.2	10.2	9.2
23	21	20	19	18.1	17.1	16.2	15.2	14.36	13.3	12.3	11.4	10.4	9.4
22	21.3	20.4	19.4	18.4	17.4	16.5	15.5	14.5	13.6	12.6	11.6	10.6	9.6
21	21.7	20.7	19.7	18.7	17.7	16.7	15.7	14.8	13.8	12.9	11.8	10.8	9.8
20	22	21	20	19	18	17.1	16	15	14	13	12	11	10
19	22.3	21.3	20.3	19.3	18.3	17.3	16.3	15.2	14.2	13.2	12.2	11.2	10.2
18	22.6	21.6	20.6	19.6	18.6	17.6	16.5	15.5	14.4	13.4	12.4	11.4	10.4
17	23	22	20.9	19.9	18.9	17.8	16.8	15.7	14.7	13.6	12.6	11.5	10.5
16	23.3	22.3	21.2	20.2	19.2	18.1	17	15.9	14.9	13.8	12.8	11.7	10.7
15	23.7	22.6	21.6	20.5	19.2	18.3	17.2	16.2	15.1	14	12.9	11.9	10.8
14	24	23	21.9	20.8	19.7	18.6	17.5	16.4	15.3	14.2	13.1	12	11
13	24.4	23.3	22.2	21.1	20	18.8	17.7	16.6	15.5	14.4	13.2	12.2	11.1
12	24.7	23.6	22.5	21.4	20.2	19.1	18	16.8	15.7	14.5	13.4	12.3	11.2
11	25	23.9	22.8	21.7	20.5	19.4	18.2	17	15.8	14.7	13.6	12.4	11.3
10	25.4	24.3	23.1	22	20.8	19.6	18.4	17.2	16	14.9	13.7	12.6	11.4
9	25.8	24.6	23.4	22.3	21.1	19.9	18.6	17.4	16.2	15	13.8	12.7	11.5
8	26.1	24.9	23.8	22.6	21.3	20.1	18.9	17.6	16.4	15.1	14	12.8	11.6
7	26.5	25.3	24.1	22.8	21.6	20.4	19.1	17.8	16.5	15.3	14.1	12.9	11.7
6	26.9	25.6	24.4	23.2	21.9	20.6	19.3	18	16.7	15.4	14.2	13	11.8
5	27.2	26	24.7	23.4	22.2	20.9	19.5	18.2	16.8	15.6	14.3	13	11.8
4	27.6	26.4	25.1	23.8	22.5	21.1	19.7	18.3	17	15.7	14.4	13.1	11.9
3	28	26.8	25.4	24.1	22.7	21.4	19.9	18.5	17.1	15.8	14.5	13.2	12
2	28.4	27.1	25.8	24.4	23	21.6	20.1	8.6	17.2	15.9	14.5	13.2	12
1	28.8	27.5	26.1	24.7	23.3	21.8	20.3	18.8	17.3	15.9	14.6	13.3	12
0	29.2	27.9	26.5	25.1	23.6	22	20.5	19	17.5	16	14.6	13.3	12

（续）

溶液温度/℃	酒精计读数												
	9	8	7	6	5	4	3	2	1				
	温度在+20℃时用体积百分数表示酒精浓度												
40	5	4.2	3.4	2.4	1.6	0.8							
39	5.2	4.4	3.6	2.6	1.8	1							
38	5.4	4.6	3.8	2.8	1.9	1.1	0.1						
37	5.6	4.8	3.9	2.9	2.1	1.3	0.3						
36	5.8	5	4.1	3.1	2.3	1.4	0.4						
35	6	5.2	4.3	3.3	2.4	1.6	0.6						
34	6.2	5.3	4.5	3.5	2.6	1.8	0.8						
33	6.4	5.5	4.7	3.8	2.8	1.9	0.9						
32	6.6	5.7	4.8	3.8	3	2.1	1.1	0.1					
31	6.8	5.9	5	4	3.1	2.2	1.2	0.2					
30	7	6.1	5.2	4.2	3.3	2.4	1.4	0.4					
29	7.2	6.3	5.4	4.4	3.5	2.5	1.6	0.6					
28	7.5	6.5	5.6	4.6	3.7	2.7	1.8	0.8					
27	7.7	6.7	5.8	4.8	3.9	2.9	1.9	1					
26	7.9	6.9	6	5	4	3.1	2.1	1.1	0.1				
25	8.1	7.1	6.2	5.2	4.2	3.2	2.3	1.3	0.3				
24	8.3	7.3	6.3	5.4	4.4	3.4	2.4	1.4	0.4				
23	8.4	7.5	6.5	5.5	4.6	3.6	2.6	1.6	0.6				
22	8.6	7.7	6.7	5.7	4.7	3.7	2.7	1.7	0.7				
21	8.8	7.8	6.8	5.8	4.8	3.8	2.9	1.9	0.9				
20	9	8	7	6	5	4	3	2	1	0			
19	9.2	8.2	7.2	6.1	5.1	4.1	3.1	2.1	1.1	0.1			
18	9.3	8.3	7.3	6.3	5.3	4.2	3.2	2.2	1.2	0.2			
17	9.5	8.5	7.4	6.4	5.4	4.4	3.4	2.4	1.3	0.3			
16	9.6	8.6	7.6	6.5	5.5	4.5	3.4	2.4	1.4	0.4			
15	9.8	8.8	7.7	6.6	5.6	4.6	3.6	2.6	1.5	0.6			
14	9.9	8.9	7.8	6.7	5.7	4.7	3.6	2.6	1.6	0.6			
13	10	9	7.9	6.8	5.8	4.8	3.7	2.7	1.7	0.7			
12	10.1	9.1	8	6.9	6.9	4.8	3.8	2.8	1.7	0.7			
11	10.2	9.2	8.1	7	6	4.9	3.9	2.9	1.8	0.8			
10	10.3	9.3	8.2	7.1	6	5	3.9	2.9	1.9	0.8			
9	10.4	9.3	8.2	7.1	6	5	4	2.9	1.9	0.9			
8	10.5	9.4	8.3	7.2	6	5	4	2.9	1.9	0.9			
7	10.6	9.5	8.4	7.2	6.1	5.1	4	3	1.9	0.9			
6	10.6	9.5	8.4	7.3	6.2	5.1	4	3	2	0.9			
5	10.7	9.6	8.4	7.3	6.2	5.1	4	3	2	0.9			
4	10.7	9.6	8.4	7.3	6.2	5.1	4	3	1.9	0.9			
3	10.8	9.6	8.4	7.3	6.2	5.1	4	3	1.9	0.9			
2	10.8	9.6	8.4	7.2	6.1	5	4	2.9	1.9	0.8			
1	10.8	9.6	8.4	7.2	6.1	5	4	2.9	1.8	0.8			
0	10.8	9.6	8.4	7.2	6	5	3.9	2.8	1.8	0.8			

附录D 乳稠计读数变为温度20℃时的度数换算表

乳稠计数	鲜乳温度/℃															
	10	11	12	13	14	15	16	17	18	19	20	21	22	23	24	25
25	23.3	23.5	23.6	23.7	23.9	24.0	24.2	24.4	24.6	24.8	25.0	25.2	25.4	25.5	25.8	26.0
26	24.2	24.4	24.5	24.7	24.9	25.0	25.2	25.4	25.6	25.8	26.0	26.2	26.4	26.6	26.8	27.0
27	25.1	25.3	25.4	25.6	25.7	25.9	26.1	26.3	26.5	26.8	27.0	27.2	27.5	27.7	27.9	28.1
28	26.0	26.1	26.3	26.5	26.6	26.8	27.0	27.3	27.5	27.6	28.0	28.2	28.5	28.7	29.0	29.2
29	26.9	27.1	27.3	27.5	27.6	27.8	28.0	28.3	28.5	28.8	29.0	29.2	29.5	29.7	30.0	30.2
30	27.9	28.1	28.3	28.5	28.6	28.8	29.0	29.3	29.5	29.8	30.0	30.2	30.5	30.7	31.0	31.2
31	28.8	29.0	29.2	29.4	29.6	29.8	30.0	30.3	30.5	30.8	31.0	31.2	31.5	31.7	32.0	32.2
32	29.3	30.0	30.2	30.4	30.6	30.7	31.0	31.2	31.5	31.8	32.0	32.3	32.5	32.8	33.0	33.3
33	30.7	30.8	31.1	31.3	31.5	31.7	32.0	32.2	32.5	32.8	33.0	33.3	33.5	33.8	34.1	34.3
34	31.7	31.9	32.1	32.3	32.5	32.7	33.0	33.2	33.5	33.8	34.0	34.3	34.4	34.8	35.1	35.3
35	32.6	32.8	33.1	33.3	33.5	33.7	34.0	34.2	34.5	34.7	35.0	35.3	35.5	35.8	36.1	36.3
36	33.5	33.8	34.0	34.3	34.5	34.7	34.9	35.2	35.6	35.7	36.0	36.2	36.5	36.7	37.0	37.3

附录E　折光率与可溶性固形物含量换算表

折光率	可溶性固形物（%）	折光率	可溶性固形物（%）	折光率	可溶性固形物（%）	折光率	可溶性固形物（%）	折光率	可溶性固形物（%）	折光率	可溶性固形物（%）
1.333 0	0.0	1.354 9	14.5	1.379 3	29.0	1.406 6	43.5	1.437 3	58.0	1.471 3	72.5
1.333 7	0.5	1.355 7	15.0	1.380 2	29.5	1.407 6	44.0	1.438 5	58.5	1.473 7	73.0
1.334 4	1.0	1.356 5	15.5	1.381 1	30.0	1.408 6	44.5	1.439 6	59.0	1.472 5	73.5
1.335 1	1.5	1.357 3	16.0	1.382 0	30.5	1.409 6	45.0	1.440 7	59.5	1.474 9	74.0
1.335 9	2.0	1.358 2	16.5	1.382 9	31.0	1.410 7	45.5	1.441 8	60.0	1.476 2	74.5
1.336 7	2.5	1.359 0	17.0	1.383 8	31.5	1.411 7	46.0	1.442 9	60.5	1.477 4	75.0
1.337 3	3.0	1.359 8	17.5	1.384 7	32.0	1.412 7	46.5	1.444 1	61.0	1.478 7	75.5
1.338 1	3.5	1.360 6	18.0	1.385 6	32.5	1.413 7	47.0	1.445 3	61.5	1.479 9	76.0
1.338 8	4.0	1.361 4	18.5	1.386 5	33.0	1.414 7	47.5	1.446 4	62.0	1.481 2	76.5
1.339 5	4.5	1.362 2	19.0	1.387 4	33.5	1.415 8	48.0	1.447 5	62.5	1.482 5	77.0
1.340 3	5.0	1.363 1	19.5	1.388 3	34.0	1.416 9	48.5	1.448 6	63.0	1.483 8	77.5
1.341 1	5.5	1.363 9	20.0	1.389 3	34.5	1.417 9	49.0	1.449 7	63.5	1.485 0	78.0
1.341 8	6.0	1.364 7	20.5	1.390 2	35.0	1.418 9	49.5	1.450 9	64.0	1.486 3	78.5
1.342 5	6.5	1.365 5	21.0	1.391 1	35.5	1.420 0	50.0	1.452 1	64.5	1.487 6	79.0
1.343 3	7.0	1.366 3	21.5	1.392 0	36.0	1.421 1	50.5	1.453 2	65.0	1.488 8	79.5
1.344 1	7.5	1.367 2	22.0	1.392 9	36.5	1.422 1	51.0	1.454 4	65.5	1.490 1	80.0
1.344 8	8.0	1.368 1	22.5	1.393 9	37.0	1.423 1	51.5	1.455 5	66.0	1.491 4	80.5
1.345 6	8.5	1.368 9	23.0	1.394 9	37.5	1.424 2	52.0	1.457 0	66.5	1.492 7	81.0
1.346 4	9.0	1.369 8	23.5	1.395 8	38.0	1.425 3	52.5	1.458 1	67.0	1.494 1	81.5
1.347 1	9.5	1.370 6	24.0	1.396 8	38.5	1.426 4	53.0	1.459 3	67.5	1.495 4	82.0
1.347 9	10.0	1.371 5	24.5	1.397 8	39.0	1.427 5	53.5	1.460 5	68.0	1.496 7	82.5
1.348 7	10.5	1.372 3	25.0	1.398 7	39.5	1.428 5	54.0	1.461 6	68.5	1.498 0	83.0
1.349 4	11.0	1.373 1	25.5	1.399 7	40.0	1.429 6	54.5	1.462 8	69.0	1.499 3	83.5
1.350 2	11.5	1.374 0	26.0	1.400 7	40.5	1.430 7	55.0	1.463 9	69.5	1.500 7	84.0
1.351 0	12.0	1.374 9	26.5	1.401 6	41.0	1.4318	55.5	1.465 1	70.0	1.502 0	84.5
1.351 8	12.5	1.375 8	27.0	1.402 6	41.5	1.432 9	56.0	1.466 3	70.5	1.503 3	85.0
1.352 6	13.0	1.376 7	27.5	1.403 6	42.0	1.434 0	56.5	1.467 6	71.0		
1.353 3	13.5	1.377 5	28.0	1.404 6	42.5	1.435 1	57.0	1.468 8	71.5		
1.354 1	14.0	1.378 1	28.5	1.405 6	43.0	1.436 2	57.5	1.470 0	72.0		

附录 F 可溶性固形物含量对温度的校正表

温度/℃	固形物含量（%）														
	0	5	10	15	20	25	30	35	40	45	50	55	60	65	70
	应减去之校正值														
10	0.50	0.54	0.58	0.61	0.64	0.66	0.68	0.70	0.72	0.73	0.74	0.75	0.76	0.78	0.79
11	0.46	0.49	0.53	0.55	0.58	0.60	0.62	0.64	0.65	0.66	0.67	0.68	0.69	0.70	0.71
12	0.42	0.45	0.48	0.50	0.52	0.54	0.56	0.57	0.58	0.59	0.60	0.61	0.61	0.63	0.63
13	0.37	0.40	0.42	0.44	0.46	0.48	0.49	0.50	0.51	0.52	0.53	0.54	0.54	0.55	0.55
14	0.33	0.35	0.37	0.39	0.40	0.41	0.42	0.43	0.44	0.45	0.45	0.46	0.46	0.47	0.48
15	0.27	0.29	0.31	0.33	0.34	0.34	0.35	0.36	0.37	0.37	0.38	0.39	0.39	0.40	0.40
16	0.22	0.24	0.25	0.26	0.27	0.28	0.28	0.29	0.30	0.30	0.30	0.31	0.31	0.32	0.32
17	0.17	0.18	0.19	0.20	0.21	0.21	0.21	0.22	0.22	0.23	0.23	0.23	0.23	0.24	0.24
18	0.12	0.13	0.13	0.14	0.14	0.14	0.14	0.15	0.15	0.15	0.15	0.16	0.16	0.16	0.16
19	0.06	0.06	0.06	0.07	0.07	0.07	0.07	0.08	0.08	0.08	0.08	0.08	0.08	0.08	0.08
	应加入之校正值														
21	0.06	0.07	0.07	0.07	0.07	0.08	0.08	0.08	0.08	0.08	0.08	0.08	0.08	0.08	0.08
22	0.13	0.13	0.14	0.14	0.15	0.15	0.15	0.15	0.15	0.16	0.16	0.16	0.16	0.16	0.16
23	0.19	0.20	0.21	0.22	0.22	0.23	0.23	0.23	0.23	0.24	0.24	0.24	0.24	0.24	0.24
24	0.26	0.27	0.28	0.29	0.30	0.30	0.31	0.31	0.31	0.31	0.31	0.32	0.32	0.32	0.32
25	0.33	0.35	0.36	0.37	0.38	0.38	0.39	0.40	0.40	0.40	0.40	0.40	0.40	0.40	0.40
26	0.40	0.42	0.43	0.44	0.45	0.46	0.47	0.48	0.48	0.48	0.48	0.48	0.48	0.48	0.48
27	0.48	0.50	0.52	0.53	0.54	0.55	0.55	0.56	0.56	0.56	0.56	0.56	0.56	0.56	0.56
28	0.56	0.57	0.60	0.61	0.62	0.63	0.63	0.63	0.64	0.64	0.64	0.64	0.64	0.64	0.64
29	0.64	0.66	0.68	0.69	0.71	0.72	0.72	0.73	0.73	0.73	0.73	0.73	0.73	0.73	0.73
30	0.72	0.74	0.77	0.78	0.79	0.80	0.80	0.81	0.81	0.81	0.81	0.81	0.81	0.81	0.81

参 考 文 献

[1] 中国标准出版社．中华人民共和国国家标准：食品卫生检验方法 • 理化部分[M]．北京：中国标准出版社，2012．

[2] 中国标准出版社第一编辑室．中国食品工业标准汇编：焙烤食品卷[M]．北京：中国标准出版社，2011．

[3] 中国标准出版社第一编辑室．中国食品工业标准汇编：饮料和冷冻饮品卷[M]．北京：中国标准出版社，2008．

[4] 中国标准出版社第一编辑室．中国食品工业标准汇编：肉禽蛋及其制品卷[M]．北京：中国标准出版社，2010．

[5] 中国标准出版社第一编辑室．中国食品工业标准汇编：调味品卷[M]．北京：中国标准出版社，2006．

[6] 杜苏英．食品分析与检验[M]．北京：高等教育出版社，2002．

[7] 程云燕，等．食品分析与检验[M]．北京：化学工业出版社，2007．

[8] 李凤玉，等．食品分析与检验[M]．北京：中国农业大学出版社，2009．

[9] 穆化荣，等．食品分析[M]．北京：化学工业出版社，2007．

[10] 杨惠芬，等．食品卫生理化检验标准手册[M]．北京：中国标准出版社，1997．

[11] 黄一石．仪器分析[M]．北京：化学工业出版社，2002．